高等职业教育课程改革系列教材

继电控制系统分析与装调

主　　　编	张龙慧	方鸷翔		
副 主 编	刘宗瑶	张誉腾	张　虹	周惠芳
参　　编	叶云洋	贺晶晶	邓　鹏	
	石　琼	陈文明		
主　　审	王迎旭			

机械工业出版社

编者根据高职高专机电类专业学生的学习特点，坚持"理论够用、实践为主"的原则，结合相关专业后续课程对继电控制系统分析与装调的知识和技能需求，将专业知识与技能训练有机结合，并融多年教学和实践经验于一体编写本书。

本书共设计了 10 个项目，分别是常用低压电器的识别、检测与维护、电动机正转控制电路的安装与调试、电动机正反转控制电路的安装与调试、工作台位置控制及自动往返控制电路的安装与调试、电动机顺序控制电路的安装与调试、两地控制电路的安装与调试、电动机减压起动控制电路的安装与调试、电动机制动控制电路的安装与调试、双速异步电动机控制电路的安装与调试和电动机电气控制电路的设计与制作。每个项目由若干任务组成，共计 28 个任务。

本书内容安排由易到难、循序渐进，让学生轻轻松松、快快乐乐学习。

本书可作为高职高专机电类专业教材，也可供从事相关专业工作的工程技术人员参考。

为方便教学，本书配有电子课件、习题解答等，凡选用本书作为教材的学校，均可来电索取。咨询电话：010-88379758；电子邮箱：cmpgaozhi@sina.com。

图书在版编目（CIP）数据

继电控制系统分析与装调 / 张龙慧，方鸶翔主编. —北京：机械工业出版社，2020.6（2025.1 重印）
高等职业教育课程改革系列教材
ISBN 978-7-111-64975-5

Ⅰ．①继… Ⅱ．①张… ②方… Ⅲ．①继电器-控制系统-安装-高等职业教育-教材 ②继电器-控制系统-调试方法-高等职业教育-教材 Ⅳ．①TM58

中国版本图书馆 CIP 数据核字（2020）第 047449 号

机械工业出版社（北京市百万庄大街 22 号　邮政编码 100037）
策划编辑：王宗锋　　责任编辑：王宗锋
责任校对：张　薇　　封面设计：陈　沛
责任印制：单爱军
北京虎彩文化传播有限公司印刷
2025 年 1 月第 1 版第 6 次印刷
184mm×260mm · 13 印张 · 321 千字
标准书号：ISBN 978-7-111-64975-5
定价：39.00 元

电话服务　　　　　　　　　网络服务
客服电话：010-88361066　　机 工 官 网：www.cmpbook.com
　　　　　010-88379833　　机 工 官 博：weibo.com/cmp1952
　　　　　010-68326294　　金 书 网：www.golden-book.com
封底无防伪标均为盗版　机工教育服务网：www.cmpedu.com

教材编写委员会

前　言

"继电控制系统分析与装调"是高职高专机电类专业必修的基础课程，相关内容也是维修电工的考核内容，还是机电类专业技能抽考的必考内容。

本书的编写坚持"理论够用、实践为主"原则，将专业知识与技能训练有机结合，让学生"做中学、学中做"，教师"做中教、教中做"，真正体现了"以学生为中心，以能力为本位"的职业教育理念。编者根据多年的教学经验，依据三相异步电动机的控制需求，将全书划分为10个项目，共计28个任务。各任务所需要的知识、技能采用任务驱动的形式导入，让学生从一开始就明确本任务要掌握哪些知识与技能，使学习更有针对性。通过这些任务的学习与训练，让学生掌握三相异步电动机典型控制电路的安装、调试与故障检修方法，为后续课程的学习打下良好的基础。

本书由湖南电气职业技术学院的张龙慧和方鸷翔任主编，主要负责全书整体设计、相关内容编写和统稿工作；由刘宗瑶、张誉腾、张虹和周惠芳任副主编，主要负责相关内容编写和校稿工作。本书由王迎旭教授任主审。叶云洋、贺晶晶、邓鹏、石琼、陈文明参与了本书的编写工作。

由于编者水平有限，书中不妥之处敬请各位读者批评指正，以便在后续修订版本中及时改进。

编　者

目　录

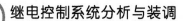

绪　　论

一、电力拖动的基本概念

如图 0-1 所示，车床的卡盘旋转、刀架快速移动等工作机构的运转是由电动机来拖动的，这种拖动方式称为电力拖动。

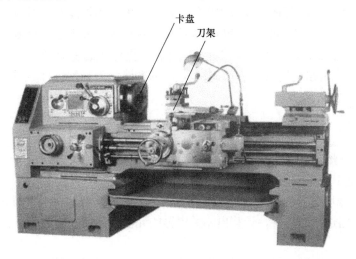

图 0-1　CA6140 型车床

电力拖动是指用电动机拖动生产机械的工作机构使之运动的一种拖动方式。

在电动机问世以前，人类生产多以风力、水力或蒸汽机作为动力。19 世纪 30 年代出现了直流电动机，俄国物理学家 Б.С.雅科比首次以蓄电池供电给直流电动机作为快艇螺旋桨的动力装置，以推动快艇航行，此后，以电动机作为原动机的拖动方式开始被人们所瞩目。到 19 世纪 80 年代，三相交流电传输方便以及结构简单的三相交流异步电动机的发明，使电力拖动得到了发展。由于电力在生产、传输、分配、使用和控制等方面的优越性，使得电力拖动具有方便、经济、效率高、调节性能好、易于实现生产过程自动化等特点，被广泛应用于冶金、石油、交通、纺织、机械、煤炭、轻工、国防和农业生产中，在国民经济中占有重要地位，是社会生产不可缺少的一种传动方式。目前在日常生活中使用电力拖动的有电风扇、洗衣机、电梯和电动摩托车等，在生产中使用电力拖动的有车床、钻床和铣床等。

电力拖动系统一般由四个子系统组成，其系统框图如图 0-2 所示。

1）电源：电动机和控制设备的能源，分为交流电源和直流电源。

2）控制设备：用来控制电动机的运转，由

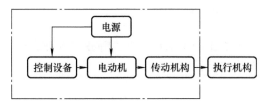

图 0-2　电力拖动系统框图

各种控制电动机、电器、自动化元器件及工业控制计算机组成。

3）电动机：生产机械的原动机，将电能转换成机械能，分为交流电动机和直流电动机。

4）传动机构：在电动机和执行机构之间传递动力的装置，如减速器、联轴器、传动带等。

由接触器、继电器和按钮等电器元件构成的控制设备，控制电动机按不同的方式起动、运行或停止，是本课程的主要学习对象。

二、课程地位

本课程是电气自动化技术、电机与电器技术、新能源装备技术和机电一体化技术等电类专业必修的专业基础课程。本课程的前修课程为"电工技术及应用"，后续课程为"常用机床电气故障检修""可编程控制技术及应用"等。在维修电工的技能鉴定考试中，操作考核中常考模块包括继电器控制电路的装调、PLC 技术及应用和常用机床电气故障诊断与处理，这三个模块一个为本课程自身，两个为本课程的延伸。在更深入的专业学习中，如新能源装备技术专业的"风力发电机组的电气安装与调试"，是以本课程为基础进行学习的，由以上几点可以看出本课程的重要性。

三、课程目标

图 0-3 所示为典型电气控制电路图，本课程的学习围绕此类电路图展开，通过本课程的学习，希望可以达到以下目标：

1）熟悉常用低压电器的结构，可对常用低压电器进行检测、拆装和维修。

2）能根据电路选择元器件，计算出相关电器的元器件所需设定参数，并对元器件参数进行整定。

3）能读懂基本的电气控制原理图，并根据要求绘制布置图和接线图。

4）能根据现有布置图、接线图及元器件，完成电气电路的安装。

5）能正确使用万用表等仪表，根据电气原理图对电气控制电路进行初步检测，确保电气控制电路通电试车正常。

6）能根据电气原理图分析简单电气控制电路的故障原因，并进行故障排除。

7）可根据具体控制要求，完成简单电气控制电路的设计，并提供其他相关技术文件。

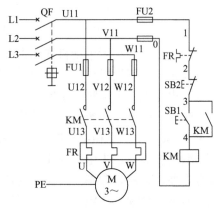

图 0-3　典型电气控制电路图

 思考题

在生活（生产）中，哪些地方存在电力拖动？在各自专业范围内，有哪些设备使用到了电力拖动？

项目1 常用低压电器的识别、检测与维护

不同的生产机械由于工作性质和加工工艺的不同，对于电动机的控制要求也是不同的，要使电动机按照生产机械的要求安全地运转，必须配备相应的控制设备，这样才能达到控制效果。控制设备是由各种接触器、继电器和按钮等电器构成的，不同控制设备所用电器的种类、数量、型号和规格也不相同。

1．电器的定义

电器就是一种能够根据外界信号和要求，手动或自动地接通或断开电路，实现对电路或非电对象的切换、控制、保护、检测和调节的元件或设备。图 1-1 所示为 M7120 平面磨床局部控制电路实物图，安装在控制柜内的低压断路器、低压熔断器和交流接触器等都属于电器。

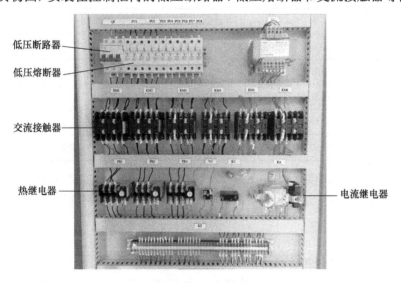

图 1-1　M7120 平面磨床局部控制电路实物图

2．低压电器的定义

根据工作电压的高低，电器可分为高压电器和低压电器。用于交流 50Hz（或 60Hz）、额定电压为 1000V 及以下，直流额定电压为 1500V 及以下的在电路中起通断、保护、控制作用的电器称为低压电器。低压电器作为一种基本元器件，广泛应用于输配电系统和电力拖动系统，在实际生产中起着非常重要的作用。图 1-2 所示为交流接触器实物图，查询其技术文档可知，该电器的工作电压为交流 380V，因此该电器属于低压电器。

低压电器用途广泛、种类繁多。从应用场所提出的不同要求，在电路中所处的地位和作用不同，可以分为配电电器和控制电器两大类。配电电器主要用于配电电路，对电路及设备进行保护以

图 1-2　交流接触器实物图

及通断、转换电源或负载，包括低压开关、低压熔断器和自动转换开关等。控制电器主要用于控制用电设备，使其达到预期的工作状态，包括主令电器、接触器和继电器等。

3．低压电器的常用术语

低压电器的术语有很多，其中额定电压和额定电流最为常用，这里仅列出除额定电压和额定电流以外的几种常用术语，详见表 1-1。

表 1-1　低压电器的常用术语

常用术语	含　义
通断时间	从电流开始在开关电器的一个极流过的瞬间起，到所有极的电弧最终熄灭的瞬间止的时间间隔
燃弧时间	电器分断过程中，从触头断开（或熔体熔断）出现电弧的瞬间开始，至电弧完全熄灭为止的时间间隔
分断能力	开关电器在规定条件下，能在给定的电压下分断的预期分断电流值
接通能力	开关电器在规定条件下，能在给定的电压下接通的预期接通电流值
通断能力	开关电器在规定条件下，能在给定的电压下接通和分断的预期电流值
短路接通能力	在规定条件下，包括开关电器的出线端短路在内的接通能力
短路分断能力	在规定条件下，包括开关电器的出线端短路在内的分断能力
操作频率	开关电器在每小时内可能实现的最高循环操作次数
通电持续率	开关电器的有载时间和工作周期之比，常以百分数表示
电寿命	在规定的正常工作条件下，机械开关电器不需要修理或更换的负载操作循环次数

本项目主要针对低压熔断器、低压断路器、交流接触器、按钮和热继电器五种常用低压电器元件的相关知识进行学习，其余低压电器会在后面项目中按需进行学习。

学习目标

通过本项目的学习与训练，应达到以下目标：

1）能正确识别、检测与安装低压熔断器、低压断路器、按钮、交流接触器和热继电器五种常用低压电器。

2）能独立完成交流接触器的拆装与维护任务。

3）能正确识读电路图，采用电路编号法对电路图进行正确编号，并根据电路图绘制布置图和接线图。

4）能根据已编号的电路图进行低压器件贴号。

任务 1　低压熔断器的识别、检测与安装

通过对低压熔断器的学习，能对教学工位中现有的低压熔断器进行识别、检测与安装，并掌握以下知识技能：

1）掌握低压熔断器的用途，正确绘制低压熔断器的电气符号。

2）能正确识别与检测低压熔断器。

3）能正确安装低压熔断器。

4）了解低压熔断器的选用方法。

【任务咨询】

低压熔断器简称熔断器，是低压配电系统和电力拖动系统中常用的安全保护电器，主要用作电路和设备短路保护。

1．结构与工作原理

熔断器主要由熔体、熔管和熔座三部分组成，图1-3所示为螺旋式熔断器外观图。

（1）熔体　熔断器的核心，常做成丝状、片状或栅状，制作的材料一般有铅锡合金、锌、铜、银等，具体根据受保护电路要求而定。

（2）熔管　熔体的保护外壳，用耐热绝缘材料制成，熔体熔断时兼有灭弧作用。

（3）熔座　熔断器的底座，用于固定熔管和外接引线。

熔管：内装熔体　　　　　　　　　　　熔座

图1-3　螺旋式熔断器外观图

在使用时，低压熔断器应串联在被保护电路中。正常情况下，熔断器的熔体相当于导线，当电路出现短路故障时，流过熔断器的电流增大，熔断器中的熔体熔断，从而切断电路起到保护作用。图1-4所示是在规定条件下，流过熔体的电流与熔体熔断时间的关系曲线（即时间-电流特性），从图中可以看出，熔断器中熔体的熔断时间随电流的增大而缩短（即反时限特性）。图中I_{Rmin}为最小熔断电流（临界电流），常以在1~2h内能熔断的最小电流值作为最小熔断电流。根据对熔断器的要求，熔体在额定电流I_N下绝对不应熔断，所以I_{Rmin}必须大于I_N。

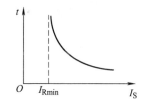

图1-4　熔断器的时间-电流特性

表1-2为一般熔断器熔体的熔断电流I_S与熔断时间t的关系。从表中数据可以看出，当电气设备发生轻度过载时，熔断器中的熔体将持续很长时间才能熔断（如$1.6I_N$，熔断时间长达3600s即1h），有时甚至不熔断（如$1.25I_N$，熔断时间为∞），由此可以看出熔断器对过载反应很不灵敏，因此除照明和电加热电路外，熔断器一般不宜用作过载保护电器。

表1-2　熔断器的熔断电流与熔断时间的关系

熔断电流 I_S/A	$1.25I_N$	$1.6I_N$	$2.0I_N$	$2.5I_N$	$3.0I_N$	$4.0I_N$	$8.0I_N$	$10.0I_N$
熔断时间 t/s	∞	3600	40	8	4.5	2.5	1	0.4

5

2．电气符号、型号及含义

低压熔断器的型号含义如下：

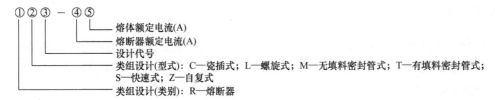

$$①②③-④⑤$$

熔体额定电流(A)
熔断器额定电流(A)
设计代号
类组设计(型式)：C—瓷插式；L—螺旋式；M—无填料密封管式；T—有填料密封管式；S—快速式；Z—自复式
类组设计(类别)：R—熔断器

图 1-5　低压熔断器的电气符号

例如，型号 RL1-60/35 的含义为螺旋式熔断器，设计代号为 1，熔断器额定电流为 60A，熔体额定电流为 35A。需注意的是，熔断器额定电流和熔体额定电流这两个参数的关系。熔断器额定电流是熔断器能长时间正常工作的电流；熔体额定电流是在规定的工作条件下，长时间通过熔体而熔体不熔断的最大电流。通常情况下，一个熔断器可以配用若干个额定电流等级的熔体，但要确保熔体的额定电流不能大于熔断器的额定电流。例如，型号为 RL1-60 的螺旋式熔断器，该熔断器的额定电流为 60A，通过查找相关技术手册可以了解到该熔断器可以配用额定电流为 20A、25A、30A、35A、40A、50A 和 60A 的熔体。

表 1-3 中列出了四种常用熔断器的特点、使用范围及典型型号的主要参数，使用时按需查找即可。表 1-3 中列出的四种低压熔断器典型产品外观图如图 1-6 所示。

a) 瓷插式熔断器　　b) 螺旋式熔断器　　c) 有填料封闭管式熔断器　　d) 有填料式快速熔断器

图 1-6　四种低压熔断器外观图

表 1-3　常用熔断器的特点、使用范围及主要参数

类 别	特 点	使用范围	典型型号	额定电压/V	额定电流/A	熔体额定电流等级/A	额定分断能力/kA	功率因数
瓷插式熔断器	半封闭插入式，有一定的灭弧措施(内加石棉垫)，短路分断能力低	分支回路，做过载和短路保护	RC1A	380	10	6、8、10	0.75	0.8
					15	12、15	1	
					60	40、50、60	4	0.5
					100	80、100	4	
螺旋式熔断器	熔体内用石英砂做填料，有熔断指示器，可在带电情况下更换熔体，短路分断能力较高	在配电电路中做过载和短路保护；做电动机短路保护	RL1	AC380 DC440	15 60	2、4、6、10、15 20、25、30、35、40、50、60	25	0.35
					100 200	60、80、100 100、125、150、200	50	0.25

（续）

类　别	特　　点	使用范围	典型型号	额定电压/V	额定电流/A	熔体额定电流等级/A	额定分断能力/kA	功率因数
有填料封闭管式熔断器	熔体内用石英砂做填料，有熔断指示器，附有绝缘操作手柄，可在带电情况下更换熔体，触头为刀形结构，短路分断能力高	用于要求较高，有可能产生大短路电流的电力系统和配电装置	RT0	AC380 DC440	50 100 200 400 600	5、10、15、20、30、40、50 30、40、50、60、80、100 80、100、120、150、200 150、200、250、300、350、400 350、400、450、500、550、600	50	0.1~0.2
有填料式快速熔断器	有较大的限流作用，短路分断能力较高	用作硅元件、晶闸管及其成套装置的短路保护和适当的过载保护	RLS2	500	30	16、20、25、30	50	0.1~0.2
					63	35、（45）、50、63		
					100	（75）、80、（90）、100		

注：1. 本表仅列出四种常用类型熔断器及其典型型号的相关参数，其他类型及型号信息可查询相关手册。
　　2. 熔体额定电流等级一栏，括号中的数值表示尽可能不采用。

选用熔断器时应注意做到"两不熔、一延时、一立即"，"两不熔"即在设备正常运行时和电流发生正常异动（如电动机起动时的电流一般为电动机额定电流的4~7倍）时熔断器不熔断；"一延时"指在设备持续过载时熔断器应延时熔断；"一立即"指在出现短路故障时熔断器应立即熔断。在具体选择熔断器时主要从以下几点考虑：

（1）熔断器的类型　根据使用环境、负载性质和短路电流的大小选择。例如，对于容量较小的照明电路，可选用RT18系列圆筒帽形熔断器或RC1A系列瓷插式熔断器；对于短路电流相当大的电路或有易燃气体的环境，应选用RT0系列有填料封闭管式熔断器；在机床控制电路中，多选用RL1系列螺旋式熔断器。

（2）熔断器额定电压和额定电流

1）熔断器的额定电压必须大于或等于电路的额定电压。

2）熔断器的额定电流必须大于或等于所装熔体的额定电流。

3）熔断器的分断能力应大于电路中可能出现的最大短路电流。

（3）熔体额定电流

1）照明和电热等电流较平稳、无冲击电流的负载，熔体额定电流应等于或稍大于负载额定电流。

2）对一台不经常起动且起动时间不长的电动机，熔体额定电流 I_{RN} 应大于或等于1.5~2.5倍电动机的额定电流 I_N，即

$$I_{RN} \geq (1.5 \sim 2.5) I_N$$

3）对一台频繁起动或起动时间较长的电动机，熔体额定电流 I_{RN} 应大于或等于3~3.5倍电动机的额定电流 I_N，即

$$I_{RN} \geq (3 \sim 3.5) I_N$$

4）对于多台电动机，熔体额定电流 I_{RN} 应大于或等于1.5~2.5倍其中最大容量电动机额定电流 I_{Nmax} 与其余电动机额定电流总和 $\sum I_N$ 的和，即

$$I_{RN} \geq (1.5 \sim 2.5) I_{Nmax} + \sum I_N$$

【例1-1】 某机床电动机的型号为Y132S-4，额定功率为5.5kW，额定电压为380V，额定电流为11.6A，该电动机正常工作时不需要频繁起动。若用熔断器为该电动机提供短路保护，熔断器的型号规格应如何选择？

解：熔断器型号规格的选择一般分为以下3步：

1）选择熔断器的类型。该电动机在机床中使用，所以熔断器可选用RL1系列螺旋式熔断器。

2）选择熔体额定电流。由于所保护的电动机不需要经常起动，故熔体额定电流取

$$I_{RN}=(1.5\sim2.5)\times11.6A=17.4\sim29A$$

查表1-3得，熔体额定电流I_{RN}=20A或25A，但选取时通常留有一定余量，故一般取I_{RN}=25A。

3）选择熔断器的额定电流和电压。查表1-3，可选取RL1-60/25型熔断器，其额定电流为60A，额定电压为380V。

【任务决策与实施】

1. 熔断器的检测

1）查看熔断器外观是否完好，使用螺钉旋具检查各接线点是否可以正常紧固。

2）用万用表最小电阻档（$R\times1$）测试熔断器对应接线点：正常情况下，熔断器相当于一根导线，即R趋向于零。

① 若R读取值较大或电阻值时有时无，建议检查熔体与熔座的接触性是否良好。

② 若R趋向于无穷大，建议检测熔体电阻是否正常，若熔体电阻趋于无穷大，则更换熔体；若熔体电阻趋向于零，则检查熔体与熔座的接触性是否良好。

2. 熔断器的安装与使用

1）安装前应确认熔断器及熔体的额定值符合设计要求，并检查熔断器是否完整无损、并标有额定电压值和额定电流值。

2）熔断器的安装位置需留有一定间距便于更换熔体。安装带有熔断指示器的熔断器时，指示器应安装在便于观察的位置。

3）熔断器一般应垂直安装，且应确保熔体与夹头、夹头与夹座接触良好。螺旋式熔断器接线时，电源线应接在熔断器的下接线座上，负载线应接在熔断器连接金属螺纹壳体的上接线座上，以确保更换熔体时金属螺纹壳体上不带电，从而确保人身安全。

4）熔断器安装完成投入使用后，应定期清理熔断器上的灰尘污垢。

5）熔体熔断后，应先分析原因排除故障后再更换熔体。更换熔体时，必须切断电源，尤其不允许带负荷操作，以免发生电弧灼伤。注意：更换熔体时不能轻易改变熔体的规格，不能用多根小规格的熔体并联代替一根大规格的熔体，更不能使用铜丝或铁丝代替熔体。

6）熔断器兼做隔离器件使用时，应安装在控制开关的电源进线端；若仅做短路保护用，应装在控制开关的出线端。

7）在多级保护的场合，各级熔体应相互配合，上级熔断器的额定电流等级以大于下级熔断器的额定电流等级两级为宜。

请参考以上提供的检测和安装方法对本工位所有熔断器进行检查，确定性能好坏。对性能存在问题的熔断器应及时维护或更换，填写表1-4，并将性能完好的熔断器安装到网孔板上。

表1-4　熔断器检查记录表

序号	型号	规格	测试结果（测试值）	处理办法

【任务评价】

针对学生完成任务情况进行评价，建议对以下两个评价点进行评价：

1）规定时间内对本工位熔断器进行检查，并按要求安装到网孔板上。

2）熔断器的作用、电气符号和检测方法是否掌握。

【任务拓展】

任务决策与实施环节仅提供了熔断器在使用前的检测方法，熔断器在接入电路通电使用时也可能会出现一些故障，此时的部分常见故障及处理方法见表1-5。

表1-5　低压熔断器通电使用时的部分常见故障及处理方法

故障现象	可能原因	处理方法
电路接通瞬间，熔体熔断	熔体电流等级选择过小	更换熔体
	负载侧短路或接地	排除负载故障
	熔体安装时受机械损伤	更换熔体
熔体未熔断但电路不通	接线座接触不良	重新连接

　思考题

现有一台三相异步电动机用于机床电气控制，其额定电压为 380V，额定功率为 5kW，未提供电动机额定电流的具体数值，该如何选择低压熔断器？

任务2　低压断路器的识别、检测与安装

通过对低压断路器的学习，能对教学工位中现有的低压断路器进行识别、检测与安装，并掌握以下知识技能：

1）掌握低压断路器的用途，正确绘制低压断路器的电气符号。

2）能正确识别与检测低压断路器。

3）能正确安装低压断路器。

4）了解低压断路器的选用方法。

【任务咨询】

在日常生活中，家居常用的电源开关如图 1-7a 所示，在学校教学楼里也可以看见这类电源开关，这些电源开关控制着其所控范围内电灯、空调、电风扇以及实验实训设备电源的通断。这类一般作为非自动切换电器，主要用作隔离、转换、接通和分断电路用的电器统称为低压开关，常见的低压开关除低压断路器外，还有负荷开关和组合开关，分别如图 1-7b～d 所示。

a) DZ47系列低压断路器

b) 封闭式负荷开关

c) 开启式负荷开关

d) 组合开关

e) DZ5系列低压断路器

图 1-7　低压开关

低压断路器俗称自动空气开关、自动空气断路器，如图 1-7a 所示。低压断路器是一种可以自动切断故障线路的保护开关，当电路发生过载、短路以及失电压等故障时，能自动切断故障电路，有效地保护与其串联的电气设备。在正常情况下可用于不频繁地接通和分断电路以及控制电动机的起动和停止。低压断路器常见的分类方法见表 1-6。

表 1-6　低压断路器常见的分类方法

序号	分类依据	具体分类
1	结构型式	塑壳式（又称装置式）、万能式（又称框架式）、限流直流快速式、灭磁式和漏电保护式等
2	操作方式	人力操作式、动力操作式和储能操作式
3	极数	单极、二极、三极和四极
4	安装方式	固定式、插入式和抽屉式
5	在电路中的用途	配电用断路器、电动机保护用断路器、漏电保护用断路器和其他负载（如照明）用断路器等

1．结构与工作原理

低压断路器的结构如图 1-8 所示。不同型号低压断路器的结构会有所不同，其具体保护效果也有所不同，但工作原理大致相似。

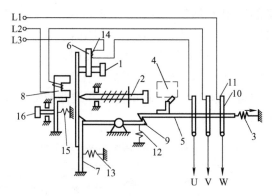

图 1-8　低压断路器的结构

1—热脱扣器的整定按钮　2—手动脱扣按钮　3—脱扣弹簧　4—手动合闸机构
5—合闸连杆　6—热脱扣器　7—锁扣　8—电磁脱扣器　9—脱扣连杆
10、11—动、静触点　12、13—弹簧　14—热元件　15—电磁脱扣弹簧　16—调节按钮

低压断路器在使用时，电源线接图中的 L1、L2、L3，U、V、W 接负载。手动合闸后，动、静触点闭合，脱扣连杆 9 被锁扣 7 的锁钩钩住，它又将合闸连杆 5 钩住，使动、静触点保持在闭合状态。

热脱扣器 6 用于过载保护，热元件 14 与主电路串联，有电流流过时发出热量，使热脱扣器 6 的下端向左弯曲。发生过载时，热脱扣器 6 弯曲带动锁扣 7 推离脱扣连杆 9，从而松开合闸连杆 5，动、静触点受脱扣弹簧 3 的作用而迅速分开。当低压断路器由于过载而断开后，应等待 2~3min 才能重新合闸，以保证热脱扣器回到原位。

电磁脱扣器 8 用于短路保护，电磁脱扣器 8 有一个匝数很少的线圈与主电路串联。发生短路时，电磁脱扣器 8 铁心上部的吸力大于弹簧 13 的拉力带动锁扣 7 的锁钩向左转动，最后也使动、静触点断开。如果要求手动脱扣，则按下按钮 2 就可使动、静触点断开。脱扣器的脱扣量值都可以进行整定，只要改变热脱扣器所需要的弯曲程度和电磁脱扣器铁心机构的气隙大小即可。

部分低压断路器还配有欠电压脱扣器，欠电压脱扣器用于零电压（失电压）和欠电压保护。具有欠电压脱扣器的断路器，在欠电压脱扣器两端无电压或电压过低时不能接通电路。

2．电气符号、型号及含义

低压断路器的型号含义如下：

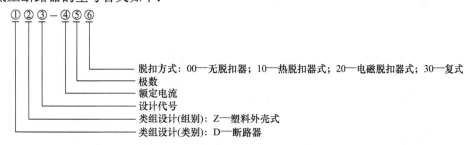

脱扣方式：00—无脱扣器；10—热脱扣器式；20—电磁脱扣器式；30—复式
极数
额定电流
设计代号
类组设计(组别)：Z—塑料外壳式
类组设计(类别)：D—断路器

11

例如，型号 DZ5–20/330 的含义为塑壳式断路器，设计代号为 5，额定电流为 20A，极数为 3 极，复式脱扣器，不带附件。低压断路器的电气符号如图 1-9 所示。

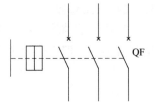

图 1-9　低压断路器的电气符号

DZ5 系列低压断路器适用于频率 50Hz、额定电压 380V、额定电流至 50A 的电路。保护电动机用断路器用于电动机的短路和过载保护；配电用断路器在配电网络中用来分配电能和对线路及电源设备进行短路和过载保护。在使用不频繁的情况下，两者也可分别用于电动机的起动和线路的转换。DZ5–20 型低压断路器主要参数见表 1-7，其外观如图 1-7e 所示。

表 1-7　DZ5–20 型低压断路器主要参数

型号	额定电压/V	主触点额定电流/A	极数	脱扣器形式	热脱扣器额定电流（整定电流调节范围）/A	电磁脱扣器瞬时动作整定值/A
DZ5–20/330 DZ5–20/230	AC380 DC220	20	3 2	复式	0.15（0.10～0.15） 0.20（0.15～0.20） 0.30（0.20～0.30） 0.45（0.30～0.45） 0.65（0.45～0.65）	配电用为脱扣器额定电流的 10 倍 保护电动机用为脱扣器额定电流的 12 倍
DZ5–20/320 DZ5–20/220			3 2	电磁式	1（0.65～1） 1.5（1～1.5） 2（1.5～2） 3（2～3） 4.5（3～4.5）	
DZ5–20/310 DZ5–20/210			3 2	热脱扣器式	6.5（4.5～6.5） 10（6.5～10） 15（10～15） 20（15～20）	
DZ5–20/300 DZ5–20/200			3 2	无脱扣器式		

3．选用方法

低压断路器应根据具体使用条件来选择额定电压、额定电流、脱扣器整定电流等参数，以下为低压断路器的一般选用原则：

1）低压断路器的额定电压和额定电流应不小于电路、设备的正常工作电压和工作电流。

2）热脱扣器的整定电流应等于所控制负载的额定电流。

3）电磁脱扣器的瞬时脱扣整定电流应大于负载电路正常工作时的峰值电流。用于控制电动机的断路器，其瞬时脱扣整定电流取

$$I_Z \geqslant K I_{st}$$

式中，K 为安全系数，$K=1.5\sim1.7$；I_{st} 为电动机的起动电流（A），一般为电动机额定电流的 4～7 倍。

4）欠电压脱扣器的额定电压应等于电路的额定电压。

5）断路器的极限通断能力应不小于电路的最大短路电流。

【例 1-2】　某机床电动机的型号为 Y132S–4，额定功率为 5.5kW，额定电压为 380V，额定

电流为 11.6A，起动电流为额定电流的 7 倍。用于控制该电路的断路器的型号和规格应如何选择?

解：断路器型号规格的选择一般分为以下四步:

1）确定断路器的种类：根据电动机的额定电流、额定电压及对保护的要求，初步确定选用 DZ5-20 型低压断路器。

2）确定热脱扣器额定电流：根据电动机的额定电流查表 1-8，选择热脱扣器的额定电流为 15A，相应的电流整定范围为 10~15A。

3）校验电磁脱扣器的瞬时脱扣整定电流：电磁脱扣器的瞬时脱扣整定电流为 $I_Z=10×15A=150A$，而 $KI_{st}=1.7×7×11.6A=138.04A$，满足 $I_Z \geq KI_{st}$，符合要求。

4）确定低压断路器的型号规格：根据以上分析，应选用 DZ5-20/330 型低压断路器。

【任务决策与实施】

1. 低压断路器的检测

1）查看断路器外观是否完好，使用螺钉旋具检查各接线点是否可以紧固，动作机构是否灵敏无卡顿。

2）用万用表最小电阻档位（R×1）测量，断路器断开时，各对触点的电阻应趋向于无穷大；断路器闭合时，各对触点的电阻应趋向于零。

2. 低压断路器的安装与使用

1）安装前应检查其铭牌所示的技术参数是否符合使用要求。

2）低压断路器应垂直安装，电源线接在静触点的进线端上，脱扣器一端接负载，为保证电磁脱扣器的保护特性，连接导线的截面面积应按脱扣器额定电流来选用。

3）低压断路器用作电源总开关或电动机的控制开关时，在电源进线侧必须加装刀开关或熔断器等，以形成明显的断开点。凡设有接地螺钉的产品均应可靠接地。

4）低压断路器使用前应先将脱扣器工作面上的防锈油脂擦净，以免影响其正常工作。同时应定期检修，清除断路器上的积尘，并给操作机构添加润滑剂。

5）各脱扣器的动作整定值调整好后，不允许随意变动，并应定期检查各脱扣器的动作整定值是否满足要求。

6）安装时应考虑断路器的飞弧距离，并注意灭弧室上方接近飞弧距离处不得有跨界母线。

7）断路器的触点使用一定次数或断路器分断短路电流后，应及时检查触点系统，如果触点表面有毛刺、颗粒等，应及时维修或更换。

参考以上提供的检测、安装与使用方法对本工位的低压断路器进行检查，确定性能好坏。性能存在问题的断路器应及时维护或更换，填写表 1-8，并将测试性能完好的断路器安装到网孔板上。

表 1-8 低压断路器检查记录表

序号	型号	规格	测试结果（测试值）	处理办法

【任务评价】

针对学生完成任务情况进行评价，建议对以下两个评价点进行评价：
1）规定时间内对本工位的低压断路器进行检查，并按要求安装到网孔板上。
2）低压断路器的作用、电气符号和检测方法是否掌握。

【任务拓展】

1. 低压断路器的常见故障及处理方法

低压断路器的部分常见故障及处理方法见表1-9。

表1-9　低压断路器的部分常见故障及处理方法

故障现象	可能原因	处理方法
手动操作断路器，不能合闸	欠电压脱扣器无电压或线圈损坏	检查施加电压或更换线圈
	储能弹簧变形	更换储能弹簧
	反作用弹簧力过大	重新调整弹簧
	动作机构不能复位再扣	调整再扣接触面至规定值
	欠电压脱扣器上有电，但不能吸合	检查控制电压装置，检查衔铁的压紧装置，必要时调整压紧片弹簧
	手动脱扣器连杆没调整好	调整调节螺钉
	剩余电流断路器线路漏电或接地	检查线路，排除漏电或接地故障
电流达到整定值，断路器不动作	热脱扣器双金属片损坏	更换双金属片
	电磁脱扣器的衔铁与铁心距离太大或电磁线圈损坏	调整衔铁与铁心的距离或更换断路器
	主触点熔焊	检查原因并更换主触点
起动电动机时断路器立即分断	电磁脱扣器瞬时整定值过小	调高整定值至规定值
	电磁脱扣器的某些零件损坏	更换脱扣器
断路器闭合一定时间后自行分断	热脱扣器整定值过小	调高整定值至规定值
断路器温升过高	触点压力过小	调整触点压力或更换弹簧
	触点表面过分磨损或接触不良	更换触点或修整接触面
	两个导电零件连接螺钉松动	重新拧紧
	触点有小颗粒金属	予以铲平，保持原有平整状态
剩余电流断路器经常自行断开	线路漏电	检查线路是否绝缘损坏，改进线路绝缘状况

2. 开启式负荷开关

图1-7c所示为HK2系列开启式负荷开关，又称为瓷底胶盖刀开关，简称刀开关。开启式负荷开关上面盖有胶盖，以防止操作人员触及带电体或开关分断时产生的电弧飞出伤人。它结构简单，价格便宜，手动操作，一般作电灯、电热、电阻等回路控制开关用，也可作为分支线路的控制开关用。三极开关在适当降低容量使用时，也可作为异步电动机不频繁直接起动和停止用。

开启式负荷开关的型号含义如下：

例如，型号 HK2-30/3 表示开启式负荷开关，设计序号为 2，额定电流为 30A，极数为 3 极。开启式负荷开关的电气符号如图 1-10 所示。HK2 系列开启式负荷开关的主要技术参数见表 1-10。

图 1-10　开启式负荷开关电气符号

表 1-10　HK2 系列开启式负荷开关主要技术参数

型号	极数	额定电流/A	额定电压/V	控制电动机容量/kW	熔丝材料	熔丝直径/mm	熔丝短路分断能力/A	开关最大分断能力/A
HK2-10/2	2	10	250	1.1	铜丝（含铜量不少于99.9%）	0.25	500	20
HK2-15/2	2	15	250	1.5		0.41	500	30
HK2-30/2	2	30	250	3.0		0.56	1000	60
HK2-15/3	3	15	380	2.2		0.45	500	30
HK2-30/3	3	30	380	4.0		0.71	1000	60
HK2-60/3	3	60	380	5.5		1.12	1500	120

3. 组合开关

图 1-7d 所示为 HZ10 系列组合开关（又称转换开关），其手柄能沿顺时针或逆时针方向转动 90°，带动触点的闭合和分断，实现接通和分断电路的目的。组合开关内部采用了扭簧储能结构，能快速闭合及分断开关，使开关的闭合和分断速度与手动操作无关。其特点是体积小、触点对数多、接线方式灵活、操作方便，适用于交流频率 50Hz、电压 380V 及以下，或直流 220V 及以下的电路中，用于手动不频繁地接通和分断电路、换接电源和负载，或控制小型异步电动机正反转之用。

组合开关的型号含义如下：

例如，型号 HZ10-60 表示组合开关，设计序号为 10，额定电流为 60A。组合开关的种类有很多，常用的有 HZ5、HZ10、HZ15 等系列。组合开关的电气符号如图 1-11 所示。HZ10 系列组合开关的主要技术参数见表 1-11。

图 1-11　组合开关电气符号

本任务拓展环节仅列出了两种低压开关（开启式负荷开关和组合开关）的一些相关参数，如在实际使用中需要了解更详细内容，请自行查找相关技术手册。

表 1-11　HZ10 系列组合开关的主要技术参数

型号	额定电压	额定电流/A	电寿命/次		控制电动机功率/kW	
			作配电电器用	作控制电动机用	交流	直流
HZ10-10	DC220V AC380V	10	10000	5000	2.2	0.6
HZ10-25		25	15000	5000	4	1.1
HZ10-60		60	10000			
HZ10-100		100	5000			

任务 3　按钮的识别、检测与安装

通过对按钮的学习，能对教学工位中现有的按钮进行识别、检测与安装，并掌握以下知识技能：

1）掌握按钮的动作原理，正确绘制按钮的电气符号。

2）能正确识别与检测按钮。

3）能正确安装按钮。

4）了解按钮的选用方法。

【任务咨询】

主令电器是用作接通或断开控制电路，以发出指令或用于程序控制的开关电器。常用的主令电器有按钮、行程开关、万能转换开关、主令控制器等。几种常用主令电器实物图如图 1-12 所示。本任务主要针对按钮进行学习，其余主令电器会在后面其他项目中按需进行介绍。

我们进入电梯后，可以通过电梯轿厢内的楼层选择按键、开关门按键等来进行楼层选择和开关门等操作，这些按键下都安装了按钮，通过按压不同的按钮对电梯发出不同的指令。在机床电气控制中，如 CA6140 型车床上安装了可以实现起动、停止等功能的按钮。

按钮是一种用人体某一部分（一般为手指或手掌）施加力而操作，并具有弹簧储能复位功能的控制开关，是一种最常用的主令电器。按钮的触点允许通过的电流较小，一般不超过5A。因此，一般情况下，它不直接控制主电路（大电流电路）的通断，而是在控制电路（小电流电路）中发出指令或信号，控制接触器和继电器等电器，再由它们去控制主电路的通断、功能转换或电气联锁。

1. 结构与工作原理

在进行按钮结构与原理的学习前，需要先了解两个名词：

1）常开触点，即在不受外力（静态）的情况下，处于断开状态的触点。注意，常开触点在受到外力作用后会变为闭合状态，但此时仍称其为常开触点。

2）常闭触点，即在不受外力（静态）的情况下，处于闭合状态的触点。注意，常闭触点在受到外力作用后会变为断开状态，但此时仍称其为常闭触点。

a) 按钮　　　　　b) 行程开关　　　　c) 万能转换开关　　　d) 主令控制器

图 1-12　几种常用主令电器实物图

按钮的结构如图 1-13 所示，一般由按钮帽、复位弹簧、动触点、静触点等部分组成。按钮按照不受外力时触点的分合状态，分为以下三种：

1）起动按钮（即常开触点）：由于常开触点在电路中一般用于起动，故称之为起动按钮，又称常开按钮。对于起动按钮，按下按钮时触点闭合，松开后触点自动断开复位。

2）停止按钮（即常闭触点）：由于常闭触点在电路中一般用于停止，故称之为停止按钮，又称常闭按钮。对于停止按钮，按下按钮时触点分断，松开后触点自动闭合复位。

3）复合按钮（即常开触点和常闭触点组合为一体的按钮）：可以根据需要选用常开（或常闭）触点来作为起动（或停止）。复合按钮是当按下按钮时，桥式动触点向下运动，使常闭触点先断开，常开触点后闭合；当松开按钮时，则常开触点先恢复断开，常闭触点再恢复闭合，具体见表 1-12。

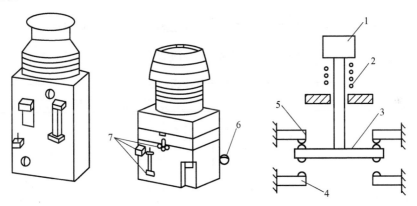

图 1-13　按钮的结构

1—按钮帽　2—复位弹簧　3—动触点　4—常开触点的静触点　5—常闭触点的静触点　6、7—触点接线柱

表 1-12　复合按钮动作状态分析表

动　作	常开触点	常闭触点
按下	后闭合	先断开
松开	先恢复断开	后恢复闭合

2．电气符号、型号及含义

按钮的型号含义如下：

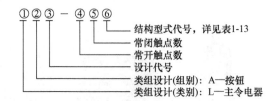

结构型式代号，详见表1-13
常闭触点数
常开触点数
设计代号
类组设计(组别)：A—按钮
类组设计(类别)：L—主令电器

表1-13 按钮结构型式代号含义表

代 号	含 义	用 途
K	开启式	嵌装在操作面板上
H	保护式	带保护外壳，可防止内部零件受机械损伤或人员偶然触及带电部分
S	防水式	具有密封外壳，可防止雨水侵入，户外使用
F	防腐式	能防止腐蚀性气体进入，适用于化工腐蚀性气体的环境
J	紧急式	带有红色大蘑菇钮头（突出在外），紧急切断电源时使用
X	旋钮式	旋转旋钮进行操作，有通和断两个位置
Y	钥匙操作式	插入钥匙进行操作，可防止误操作或供专人操作
D	带指示灯式	按钮内装有信号灯，兼作信号指示

例如，LA10-1K含义为主令电器——开启式按钮，设计代号为10，1对常开触点，1对常闭触点。几种常用按钮的电气符号如图1-14所示。表1-14为LA19、LA20系列按钮的主要技术参数。

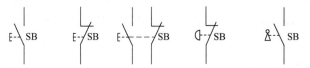

a) 起动按钮 b) 停止按钮 c) 复合按钮 d) 急停按钮 e) 钥匙操作式按钮

图1-14 几种常用按钮的电气符号

表1-14 LA19、LA20系列按钮的主要技术参数

型 号	结构型式	触点数 常开	常闭	按钮数	颜色	指示灯 电压/V	功率/W
LA19-11	一般式				红、绿、黄、白、蓝		
LA19-11J	紧急式				红		
LA19-11D	带指示灯式				红、绿、黄、白、蓝	6.3	
LA19-11DJ	带指示灯式，紧急式	1	1	1	红	16	
LA19-11H	保护式					24	
LA19-11DH	带指示灯式，保护式						<1
LA20-11D	带指示灯式				红、绿、黄、白、蓝		
LA20-11DJ	带指示灯式，紧急式				红	6	
LA20-22D	带指示灯式				红、绿、黄、白、蓝		
LA20-22DJ	带指示灯式，紧急式	2	2	2	红		
LA20-2K	开启式				黑、红或绿、红		
LA20-3K	开启式	3	3	3	黑、绿、红		
LA20-2H	保护式	2	2	2	黑、红或绿、红		
LA20-3H	保护式	3	3	3	黑、绿、红		

3．选用方法

1）根据使用场合和具体用途选择按钮的种类。例如，需安装于开关柜、控制台、控制柜的面板上的一般按钮可选用开启式；需安装在腐蚀性气体环境的按钮应选用防腐式；需显示工作状态的按钮应选用带指示灯式；需防止无关人员误操作的重要场合可选用钥匙操作式按钮，详细可参考表1-13。

2）根据工作状态指示和工作情况要求，选择按钮的颜色。例如，起动按钮可选用白、灰或黑色，优先选用白色，也可选用绿色。急停按钮应选用红色。停止按钮可选用黑、灰或白色，优先用黑色，也可选用红色，按钮颜色的含义见表1-15。

表1-15　按钮颜色的含义

颜色	含义	说明	应用举例
红	紧急	危险或紧急情况时操作	急停
黄	异常	异常情况时操作	干预、制止异常情况 干预、重新起动中断的自动循环
绿	安全	安全情况或为正常情况准备时操作	起动/接通
蓝	强制性	要求强制动作情况下的操作	复位功能
白	无确定性质	除急停以外的一般功能	起动/接通（优先） 停止/断开
灰	无确定性质	除急停以外的一般功能	起动/接通 停止/断开
黑	无确定性质	除急停以外的一般功能	起动/接通 停止/断开（优先）

3）根据控制电路的需要选择按钮的数量。如单联按钮、双联按钮和三联按钮等。例如，接触器联锁正反转电路需要三个按钮进行起停控制，因此可选用三联按钮，若从LA20系列中选择，则可选择LA20-3H。

【任务决策与实施】

1．按钮的检测

1）查看按钮外观是否完好，使用螺钉旋具检查各接线点是否可以紧固，动作机构是否灵活无卡顿。

2）用万用表最小电阻档位（$R \times 1$）测量：

常开触点：未按下按钮时，电阻应趋向于无穷大；按下按钮时，电阻应趋向于零。

常闭触点：未按下按钮时，电阻应趋向于零；按下按钮时，电阻应趋向于无穷大。

2．按钮的安装与使用

1）按钮安装时，间距为50~100mm；需倾斜安装时，与水平面的倾角不宜小于30°。

2）集中在一处安装的按钮应有编号或不同的识别标志。"紧急"按钮应有鲜明的标记。

3）按钮安装在控制面板上时，应排列合理，例如，根据电动机起动的先后顺序，从上到下或从左到右排列；同一机床运动部件有几种不同的工作状态时（如上、下，前、后，松、紧等），应使每一对相反状态的按钮安装在一组。

4）按钮的安装应牢固，安装按钮的金属板或金属按钮盒必须可靠接地。

5）按钮的触点间距较小，如有油污等极易发生短路故障，应注意保持触点间的清洁。

6）带灯式按钮一般不宜用于需长期通电显示的地方，以免塑料外壳过度受热而变形，使更换灯泡困难。若需使用，可适当降低灯泡电压，延长其使用寿命。

参考以上提供的检测、安装与使用方法对本工位的按钮进行检查，确定每个按钮中每一对触点的性能好坏。对性能存在问题的按钮应及时维护或更换，填写表1-16，并将测试性能完好的按钮安装到网孔板⊖上。

表1-16　按钮检查记录表

序　号	触点类型	测试结果（测试值）	处理办法

【任务评价】

针对学生完成任务情况进行评价，建议对以下三个评价点进行评价：

1）规定时间内对本工位的按钮进行检查，并按要求安装在网孔板上。

2）按钮的作用、电气符号和检测方法是否掌握。

3）针对本工位使用的按钮，随意指出其中一对触点，可正确绘制出电气符号。

【任务拓展】

按钮的常见故障及处理方法见表1-17。

表1-17　按钮的常见故障及处理方法

故障现象	可能原因	处理方法
按下按钮时有被电麻的感觉	按钮帽的缝隙有金属粉末或铁屑等	清理按钮，并给按钮帽罩一层塑料薄膜
	按钮防护金属外壳接触了带电导体	检查按钮内部接线，消除接线碰壳
按钮接触不良	触点烧损	修整触点或更换产品
	触点表面有尘垢	清洁触点表面
	触点弹簧失效	重绕弹簧或更换产品
按钮短路	塑料受热变形导致接线螺钉相碰短路	查明发热原因排除故障并更换产品
	杂物或油污在触点间形成通路	清洁按钮内部

⊖ 在实际生产设备中，按钮安装在操作面板上，属于板外器件，在学习期间为方便操作暂时安装在网孔板上。

思考题

请查找资料确认：LAZ-11A/XR、LAZ-11A/Y 分别是什么按钮？何种外观？电气符号如何画？应如何使用？

任务4　交流接触器的识别、检测、安装与维护

通过对交流接触器的学习，能对教学工位中现有的交流接触器进行识别、检测、安装与维护，并掌握以下知识技能：

1）掌握交流接触器的结构和动作原理，正确绘制交流接触器的电气符号。

2）能正确识别与检测交流接触器。

3）能正确安装与维护交流接触器。

4）了解交流接触器的选用方法。

【任务咨询】

前文介绍的低压断路器、按钮等都是依靠手动直接操作来实现触点的接通或断开，属于非自动切换电器。在电力拖动中，还广泛应用一种自动切换电器——接触器来实现电路的自动控制。

接触器是一种用来频繁地接通和断开交、直流主电路及大容量控制电路的自动切换电器，具有低压（欠电压和失电压）释放的保护功能，适用于频繁操作和远距离控制，是电力拖动自动控制系统中使用最广泛的电气元件之一。接触器的常见分类方法见表1-18。本任务主要针对交流接触器进行相关的学习与训练。常用交流接触器如图1-15所示。

表 1-18　接触器的常见分类方法

分类方法	类　别
按主触点控制的电流性质分类	直流接触器
	交流接触器
按驱动触点系统动力来源分类	电磁式接触器
	气动式接触器
	液压式接触器
按主触点的极数分类	单极接触器
	二极接触器
	三极接触器
	四极接触器
	五极接触器

a) CJ10系列

b) CJT1系列

c) CJX1系列

图 1-15　几款常用交流接触器

1．结构与工作原理

交流接触器的结构如图 1-16 所示，不同型号交流接触器的具体结构会有所不同，但主要结构部件和工作原理大致相似。下面将分别从电磁系统、触点系统、灭弧装置和辅助部件四个方面来学习交流接触器的结构与工作原理。

（1）电磁系统　电磁系统主要由线圈、静铁心和衔铁（动铁心）三部分组成。交流接触器利用电磁系统中线圈的通电或断电，使静铁心吸合或释放衔铁（动铁心），从而带动衔铁（动铁心）上方的动触点与静触点的闭合或分断，实现电路的接通或断开。

铁心是交流接触器的主要发热部件，为避免铁心过热，一方面铁心一般采用 E 形硅钢片叠压而成，以减少铁心的磁滞损耗和涡流损耗，来达到避免铁心过热的目的；另一方面将线圈做成短而粗的圆筒形，且在线圈和铁心之间留有空隙，

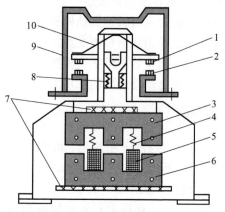

图 1-16　交流接触器的结构
1—动触点　2—静触点　3—衔铁（动铁心）
4—反作用弹簧　5—线圈　6—静铁心　7—垫毡
8—触点弹簧　9—灭弧罩　10—触点压力弹簧

来达到增强铁心散热效果的目的。电磁系统中除了为避免铁心过热的两个措施外，还需要注意两点，一是为避免因剩磁影响而导致线圈断电后衔铁粘住不能释放，在 E 形铁心的中柱端面一般会留有 0.1~0.2mm 的气隙；二是为了避免因通入电磁系统的交流电变化而产生的振动和噪声，在铁心的两个端面上会嵌入短路环（见图 1-17）。

交流接触器电磁系统的衔铁运动方式一般有两种，分别为衔铁直线运动的螺管式（如图 1-16 所示）和衔铁绕轴转动的拍合式（如图 1-18 所示）。以 CJ10 系列交流接触器为例，额定电流为 40A 及以下的一般采用衔铁直线运动的螺管式，额定电流为 60A 及以上的一般采用衔铁绕轴转动的拍合式。

（2）触点系统　触点系统由主触点和辅助触点组成，主触点一般为常开触点，辅助触点则分为常开触点和常闭触点两种，各类触点的具体数量可能会因交流接触器型号不同而不同，以 CJ10-10 交流接触器为例，主触点 3 对，辅助常开触点 2 对，辅助常闭触点 2 对。主触点与辅助触点主要区别在于通断能力，主触点用以通断大电流，辅助触点一般用以通断小电流。当电磁系统中线圈通电时，常闭触点先断开、常开触点后闭合；当线圈断电时，常开触点先恢复断开、常闭触点后恢复闭合。

图 1-17 交流接触器铁心的短路环

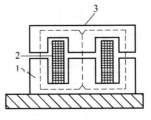

a) 衔铁直线运动的螺管式

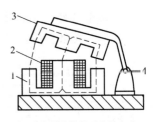

b) 衔铁绕轴转动的拍合式

图 1-18 交流接触器电磁系统结构图

1—静铁心 2—线圈 3—衔铁（动铁心） 4—轴

交流接触器的触点按接触形式可分为点接触式、线接触式和面接触式三种，如图 1-19 所示；按触点的结构形式可分为双断点桥式触点和指形触点两种，如图 1-20 所示。以 CJ10 系列交流接触器为例，其触点一般采用双断点桥式触点，为避免触点由于产生氧化铜而影响其导电性能，其动触点采用紫铜片冲压而成，并采用银基合金制成的触点块。

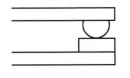

a) 点接触式

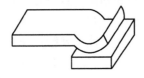

b) 线接触式

c) 面接触式

图 1-19 触点的接触形式

（3）灭弧装置 交流接触器在断开大电流或高电压电路时，会在动、静触点之间产生很强的电弧，电弧一方面会灼伤触点，造成触点的使用寿命缩短，另一方面会使电路切断时间延长，甚至造成弧光短路或引起火灾事故，因此需要灭弧装置来熄灭电弧。

交流接触器常采用的灭弧装置有三种，分别为双断口结构电动力灭弧装置、纵缝灭弧装置和栅片灭弧装置，如图 1-21 所示。以 CJ10 系列接触器为例，额定电流为10A 的一般采用双断口结构电动力灭弧装置，额定电流为 20A 及以上的一般采用纵缝灭弧装置，容量较大的一般采用栅片灭弧装置。

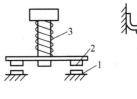

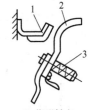

a) 双断点桥式触点

b) 指形触点

图 1-20 触点的结构形式

1—静触点 2—动触点 3—触点压力弹簧

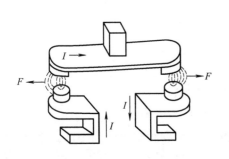

a) 双断口结构电动力灭弧装置

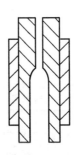

b) 纵缝灭弧装置

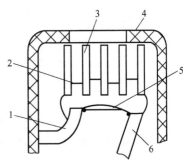

c) 栅片灭弧装置

图 1-21 常用的灭弧装置

1—静触点 2—短电弧 3—灭弧栅片 4—灭弧罩 5—电弧 6—动触点

（4）辅助部件　交流接触器的辅助部件有反作用弹簧、缓冲弹簧、触点压力弹簧、传动机构及底座、接线柱等，其中比较关键的几个辅助部件相关说明见表1-19。

表1-19　辅助部件相关说明

名　称	安　装　位　置	作　用
反作用弹簧	安装在衔铁和线圈之间	在线圈断电后，推动衔铁释放，带动触点复位
缓冲弹簧	安装在静铁心和线圈之间	缓冲衔铁在吸合时对静铁心和外壳的冲击力，保护外壳
触点压力弹簧	安装在动触点上面	增加动、静触点间的压力，从而增大接触面积，以减少接触电阻，并消除开始接触时的有害振动
传动机构	安装在衔铁与触点系统之间	在衔铁或反作用弹簧的作用下，带动动触点实现与静触点的接通或分断

当交流接触器的线圈得电后，线圈电流在铁心中产生磁通，该磁通对衔铁产生克服反作用弹簧反力的电磁吸力，使衔铁带动触点动作。触点动作时，常闭触点先断开，常开触点后闭合。当交流接触器线圈中的电压值降低到某一数值时（如CJ10系列一般为降至线圈额定电压的85%），铁心中的磁通下降，电磁吸力减小，当减小到不足以克服反作用弹簧的反力时，衔铁在反作用弹簧的反力作用下复位，使常开触点断开，常闭触点恢复闭合，这也是交流接触器具有欠电压和失电压保护的原因。在此需要注意以下两点：

1）交流接触器线圈的电压相对于额定电压过低时，电磁吸力不足，衔铁吸合不上，线圈电流会达到额定电流的十几倍；电压相对于额定电压过高时，磁路趋于饱和，线圈电流会显著增大。因此，电压过低或过高都可能造成线圈过热而烧毁。

2）交流接触器触点动作分析表见表1-20，当线圈通断电状态发生变化时，触点总是处于闭合状态的先断开，处于断开状态的后闭合，两者之间有一个很短的时间差，这个时间差虽短，但是在分析控制电路的工作原理时却是非常重要的。

表1-20　交流接触器触点动作分析表

线圈状态	常开触点	常闭触点
通电	后闭合	先断开
断电	先恢复断开	后恢复闭合

2. 电气符号、型号及含义

交流接触器的型号含义如下：

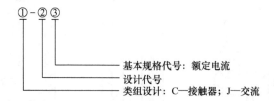

基本规格代号：额定电流
设计代号
类组设计：C—接触器；J—交流

例如，CJ20-10表示交流接触器，设计序号为20，主触点额定电流为10A。交流接触器还有许多其他系列，如LC1-D、NAR1、B系列等，具体使用请自行查找相关技术手册。交流接触器各部件电气符号如图1-22所示，接触器应用于电气电路中的部件有线圈、主触点（图1-22中带灭弧装置的常开触点）、辅助常开触点（图1-22中不带灭弧装置的常开触点）和辅助常闭触点。表 1-21 和表 1-22 分别列出了 CJ10 系列交流接触器和 CJT1 系列交流接触器的主要技术参数。

3．选用方法

（1）接触器类型的选择　根据接触器所控制的负载性质选择接触器的类型。通常交流负载选用交流接触器，直流负载选用直流接触器。当控制系统中主要是交流负载而直流负载容量较小时，也可用交流接触器控制直流负载，但触点的额定电流应适当选大一些。交流接触器按负载种类一般分为一类、二类、三类和四类，分别记为 AC1、AC2、AC3 和 AC4，各类适用情况见表 1-23。

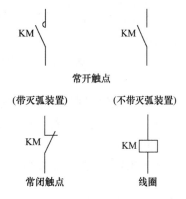

图 1-22　交流接触器各部件电气符号

表 1-21　CJ10 系列交流接触器的主要技术参数

型号	触点额定电压/V	主触点		辅助触点		线圈		可控制三相异步电动机最大功率/kW		额定操作频率/（次/h）
		额定电流/A	对数	额定电流/A	对数	电压/V	功率/W	220V	380V	
CJ10–10	380	10	3	5	2对常开，2对常闭	36	11	2.2	4	≤600
CJ10–20		20				110	22	5.5	10	
CJ10–40		40				220	32	11	20	
CJ10–60		60				380	70	17	30	

表 1-22　CJT1 系列交流接触器的主要技术参数

型号	额定绝缘电压/V	额定工作电压/V	约定发热电流/A	断续周期工作制下的额定电流/A				AC-3 的额定功率/KW	不间断工作的额定电流/A	最高操作频率/（次/h）	
				AC-1	AC-2	AC-3	AC-4			AC-3	AC-4
CJT1-5	380V	220	5	5	5	5	5	1.2	5	600	300
		380						2.2			
CJT1-10		220	10	10	10	10	10	2.2	10		
		380						4			
CJT1-20		220	20	20	20	20	20	5.8	20		
		380						10			
CJT1-40		220	40	40	40	40	40	11	40		
		380						20			
CJT1-60		220	60	60	60	60	60	17	60		
		380						30			
CJT1-100		220	100	100	100	100	100	28	100		
		380						50			
CJT1-150		220	150	150	150	150	150	43	150		120
		380						75			

表 1-23　四类交流接触器适用情况

序　号	类　型	适用情况
1	AC1	无感或微感负载，如白炽灯、电热炉等
2	AC2	绕线转子异步电动机的起动和停止
3	AC3	笼型异步电动机的运转和运行中分断
4	AC4	笼型异步电动机的起动、反接制动或反向运动、点动

（2）接触器主触点额定电压的选择　接触器主触点的额定电压应大于或等于所控制电路的额定电压。

（3）接触器主触点额定电流的选择　接触器主触点的额定电流应大于或等于负载的额定电流。

（4）接触器线圈额定电压的选择　当控制电路简单、使用电器较少时，可直接选用 380V 或 220V 电压的线圈；若电路较复杂、使用电器的个数超过 5 个时，应选用 36V 或 110V 电压的线圈，以保证安全。

（5）接触器触点数量和种类的选择　接触器的触点数量和种类应满足控制电路的要求。

【任务决策与实施】

1．接触器的检测

1）查看接触器外观是否完好，动作是否灵敏，使用螺钉旋具检查各接线点是否可以紧固，动作机构是否灵活无卡顿。

2）线圈检测：用万用表适合的电阻档位（如 $R \times 100$）测试线圈电阻，220V 交流接触器线圈参考电阻值为 600Ω，380V 交流接触器线圈参考电阻值为 1500Ω。

3）触点检测：用万用表最小电阻档（$R \times 1$）按表 1-24 进行测试。

表 1-24　接触器触点检测方法

操作方法	主触点	辅助常开触点	辅助常闭触点
未压合接触器	趋向于无穷大	趋向于无穷大	趋向于零
压合接触器	趋向于零	趋向于零	趋向于无穷大

4）线圈通入额定电压后的相关检测：

① 电磁系统无噪声。

② 用万用表最小电阻档（$R \times 1$）测量主触点、辅助常开触点和辅助常闭触点，结果应与表 1-24 压合接触器的结果一致（注意不可触碰线圈，因为线圈处于通电状态）。

2．接触器的安装与使用

1）安装前，应检查接触器的相关技术参数（如额定电压、额定电流等）是否满足实际使用要求，并检查接触器的性能是否良好。

2）安装时，接触器一般应安装在垂直面上，若非垂直面安装，则需确保安装面与垂直面的倾斜度不大于±5°；若接触器有散热孔，则应将有孔的面放在垂直方向上，以利散热，并按规定留有适当的飞弧空间，以免飞弧烧坏相邻电器。

3）安装接线时，注意不能将零件掉入接触器内部。

4）安装使用后，应定期检查接触器，观察螺钉有无松动，动作机构是否灵活等。

5）安装使用后，应定期清扫接触器的触点，确保触点清洁，但不允许涂油，当触点表面因电灼作用形成金属小颗粒时，应及时清除。

6）安装使用后，若需拆装接触器注意不要损坏灭弧罩，带灭弧罩的接触器绝不允许不带灭弧罩或带破损的灭弧罩运行，以免发生电弧短路故障。

3．接触器的拆装与维护

根据表 1-25 对 CJ10-10 型交流接触器进行拆装与维护训练。

表 1-25　交流接触器的拆装与维护

步骤	内　　容	执行记录	备　　注
1	参照书中的接触器检测方法，对被操作接触器进行相关检测，并记录相关的检测结果		检测中有通电环节，注意用电安全
2	回答以下问题： 1．电磁系统由哪些零部件组成 2．动、静铁心(采用 E 形硅钢片叠压而成)的作用 3．短路环的作用 4．线圈制成短而粗的圆筒形的作用 5．线圈的电气符号如何画		1．题 1～4 在书中标注出相关答案即可 2．题 5 答案记录在本表中
3	接触器电磁系统的拆卸： 要求将电磁系统拆卸出来的每个零部件都摆放在一张纸上，并记录每一种部件的名称及数量		1．拆卸线圈时应先拆除其接线螺钉，取出线圈时不要用力过大 2．拆卸时注意每一个零部件的原位置
4	回答以下问题： 1．本次拆卸的交流接触器采用何种衔铁运动方式 2．分别找出线圈、静铁心、衔铁以及短路环		1．答案记录在本表中 2．可独立识别各部件
5	回答以下问题： 1．触点系统由哪些零部件组成 2．主触点与辅助触点的区别 3．各种触点的电气符号如何画 4．分析常开和常闭触点在线圈得电、断电时的动作顺序 5．CJ10 系列交流接触器触点块采用银基合金制成，其用途是什么 6．触点上的压力弹簧片用途是什么		1．题 1、2、4～6 在书中标注出相关答案即可 2．题 3 答案记录在本表中
6	触点系统的拆卸： 要求将触点系统拆卸出来的每个零部件都摆放在一张纸上，并记录每一种部件的名称及数量		1．拆卸动触点时，切记不要用力过大造成触点损伤、不要速度过快造成触点压力弹簧片飞出，具体按指导老师给出的方法操作 2．传动机构里面的小弹簧（压力弹簧）不要拆卸 3．动、静触点拆卸时注意零部件原位置，并尽量按原位置摆放好
7	回答以下问题： 1．本次拆卸的交流接触器触点接触形式及结构形式 2．接触器主触点与辅助触点的数量 3．主触点与辅助触点直观看，如何区分		答案记录在本表中

（续）

步骤	内　　容	执行记录	备　　注
8	回答以下问题： 1. 什么是电弧？电弧的危害是什么 2. 辅助部件都有哪些？各自的用途是什么		在书中标注出相关答案即可
9	回答以下问题： 1. 本次拆卸的交流接触器采用哪种方式灭弧 2. 找出各辅助部件，并记录各部件的名称及数量		答案记录在本表中
10	简述交流接触器的工作原理		答案记录在本表中
11	简述交流接触器的维护与保养方法		触点块、铁心、弹簧等的维护与保养
12	将拆卸的交流接触器重新安装好		注意触点安装手法、电磁系统各弹簧的位置
13	交流接触器重新安装好后，参照已提供的接触器检测方法，对被操作接触器进行相关检测，并记录相关的检测结果		

【任务评价】

针对学生完成任务情况进行评价，建议对以下四个评价点进行评价：

1）在规定时间内按指导教师要求对本工位的交流接触器进行检查，并按要求安装在网孔板上。

2）在规定时间内按指导教师要求对被操作交流接触器进行检测、拆卸、维护与安装，确保拆装后交流接触器性能正常。

3）交流接触器的作用、电气符号和检测方法是否掌握。

4）针对本工位使用的交流接触器，随意指出其中一对触点（或线圈），可正确绘制出电气符号。

【任务拓展】

1. 接触器的常见故障及处理方法

对交流接触器进行维护和保养时，需要对接触器的常见故障及处理方法有更好的了解，表 1-26 为交流接触器的常见故障及处理办法。

2. 直流接触器

图 1-23 所示为 CZ0 系列直流接触器，该系列直流接触器主要用于冶金、机床等电气设备中，供远距离接通和分断额定参数下的直流电力电路，适用于直流电动机的频繁起动、停止、可逆运行及反接制动。目前常用的直流接触器除 CZ0 系列以外，还有 CZ17、CZ18 等系列。

表 1-26 交流接触器的常见故障及处理方法

故障现象	可能原因	处理方法
吸不上或吸不到底	电源电压太低或波动太大	调整至额定工作电压或稳定电源电压
	线圈额定电压与电路电压不符	更换线圈或调整电路电压
	线圈断线或烧毁	更换线圈
	衔铁或机械可动部分卡死、生锈、歪斜	排除卡死原因,清锈,加润滑油,调整位置或更换零件
	触点压力弹簧压力和超程过大	调整至规定值
触点过热或灼伤、熔焊	触点压力弹簧压力过小	调整触点压力弹簧压力
	操作频率过高或工作电流过大	避免过频繁操作或更换合适的接触器
	触点表面有金属颗粒或严重氧化	清理触点表面
	线圈电压过低,触点引起振动导致熔焊	调整至额定工作电压
	负载短路导致熔焊	排除短路故障
	三相触点闭合时不同步	调整动、静触点间隙,使之同步接触
线圈过热或烧毁	交流接触器操作频率过高	选择合适的接触器
	线圈电压过高或过低	调整至额定工作电压
	使用环境条件恶劣,如湿度、温度过高	选用符合该环境使用的线圈
	交流接触器铁心由于长期频繁碰撞,造成极面不平或气隙过大	用锉刀修整或更换铁心
	线圈技术参数与实际使用条件不符	更换线圈
	线圈匝间短路	排除短路故障,更换线圈
交流电磁铁噪声大	铁心极面磨损不平、生锈或有油污	清理极面油污或更换铁心
	短路环断开	重焊或更换铁心
	触点压力弹簧压力过大	调整触点压力弹簧压力
	电磁系统歪斜或机械上卡住	调整装配位置或排除卡住原因
	电源电压过低	提高操作回路电压
不释放或释放缓慢	触点压力弹簧压力过小	调整触点压力弹簧压力
	铁心长期撞击、变形,间隙消失,致使剩磁增大	更换铁心
	反作用弹簧弹力过小	调整弹簧弹力或更换反作用弹簧
	衔铁或机械可动部分卡死	排除卡死原因
	触点熔焊	排除熔焊原因,整修或更换触点
	铁心极面有油污,尘屑过多	清除油污、尘屑

直流接触器的结构如图 1-24 所示,主要由电磁系统、触点系统和灭弧装置三部分组成。

图 1-23 CZ0 系列直流接触器

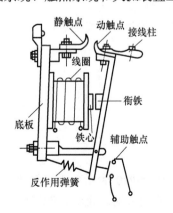

图 1-24 直流接触器的结构

（1）电磁系统　直流接触器的电磁系统由线圈、铁心和衔铁组成。直流接触器的电磁系统中有两点需要注意：一是为减少剩磁影响确保线圈断电后衔铁能可靠释放，在磁路中常垫有非磁性垫片；二是为增强线圈散热效果，常将线圈做成长又薄的圆筒形。

（2）触点系统　直流接触器触点系统由主触点和辅助触点组成。其中主触点接通和断开的电流较大，为延长触点的使用寿命，主触点多采用滚动接触的指形触点，如图 1-25 所示；辅助触点接通和断开的电流小，多采用双断点桥式触点。

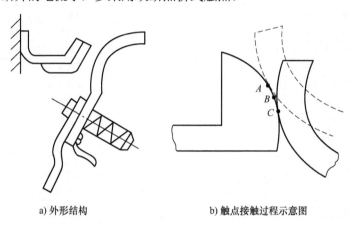

a) 外形结构　　　　　　　　　　b) 触点接触过程示意图

图 1-25　滚动接触的指形触点

（3）灭弧装置　直流接触器一般采用磁吹式灭弧装置结合其他方法灭弧。在同等的电气参数下，直流电所产生的电弧相对于交流电电弧的熄灭难度要高一些，所以直流接触器采用此种形式灭弧。

对于较大容量的直流接触器，为减小运行时的线圈功耗，其线圈常采用如图 1-26 所示的串联双绕组。线圈接通电源的瞬间，保持线圈被辅助常闭触点短路，从而使起动线圈获得较大电流和吸力；接触器起动线圈得电其辅助常闭触点断开，保持线圈与起动线圈串联，电压不变的前提下，电流减小，从而达到节能的目的。

图 1-26　直流接触器串联双绕组线圈接线图

直流接触器的型号含义如下：

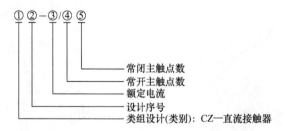

例如，CZ0–40/20 表示直流接触器，设计序号为 0，额定电流为 40A，常开主触点有 2 对，常闭主触点有 0 对。直流接触器的电气符号及工作原理与交流接触器相同，这里不再赘述。直流接触器代表系列较多，CZ0 系列直流接触器的主要技术参数见表 1-27。

表 1-27　CZ0 系列直流接触器的主要技术参数

型　号	额定电压/V	额定电流/A	额定操作频率/（次/h）	主触点		辅助触点		最大分断电流/A	飞弧距离/mm
				常开	常闭	常开	常闭		
CZ0-40/20		40	1200	2	0		2	160	30
CZ0-40/02		40	600	0	2		2	100	30
CZ0-100/10		100	1200	1	0		2	400	50
CZ0-100/01		100	600	0	1	2	1	250	45
CZ0-100/20		100	1200	2	0		2	400	50
CZ0-150/10	440	150	1200	1	0		2	600	50
CZ0-150/01		150	600	0	1		1	375	50
CZ0-150/20		150	1200	2	0		2	600	50
CZ0-250/10		250	600	1	0			1000	110
CZ0-250/20		250	600	2	0	可以在5常开、1常闭与5常闭、1常开之间任意组合		1000	110
CZ0-400/10		400	600	1	0			1600	130
CZ0-400/20		400	600	2	0			1600	130
CZ0-600/10		600	600	1	0			2400	150

任务 5　热继电器的识别、检测与安装

通过热继电器的学习，能对教学工位中现有的热继电器进行识别、检测与安装，并掌握以下知识技能：

1）掌握热继电器的结构、动作原理，正确绘制热继电器的电气符号。

2）能正确识别与检测热继电器。

3）能正确安装热继电器。

4）了解热继电器的选用方法。

【任务咨询】

在电力拖动中，继电器也是一类被广泛使用的自动切换电器。继电器是一种根据输入信号（电量或非电量）的变化，来接通或分断小电流电路（如控制电路），进而实现自动控制和保护电力拖动装置的电器。一般情况下，继电器不直接控制电流较大的主电路，而是通过控制接触器或其他电器的线圈，来实现对主电路的控制。继电器的种类很多，常见的继电器分类方式见表 1-28，图 1-27 所示为几种常见的继电器。

无论是哪一种继电器，无论其动作原理、结构形式和使用场合如何，都主要由感测机构、中间机构和执行机构三部分组成。感测机构把感测到的电量或非电量传递给中间机构，并将它与预定值（整定值）相比较，当达到预定值时（过量或欠量），中间机构便使执行机构动作，

从而接通或断开电路。本任务主要针对较常用的热继电器进行学习，其他继电器根据教学需要再进行针对性学习。

表 1-28　常见的继电器分类方式

序　号	分类依据	常见类型
1	输入信号	电压继电器
		电流继电器
		时间继电器
		温度继电器
		速度继电器
		压力继电器
2	工作原理	电磁式继电器
		电动式继电器
		感应式继电器
		晶体管式继电器
		热继电器
3	输出方式	有触点继电器
		无触点继电器

a) 中间继电器　　　　b) 电流继电器　　　　c) 时间继电器

图 1-27　几种常见的继电器

　　电动机在运行过程中，如果长期负载过大，或起动操作频繁，或缺相运行，都可能使电动机定子绕组的电流增大，超过其额定值。而这种情况下，熔断器往往并不熔断，从而引起定子绕组过热，使温度持续升高。若温升超过允许温升，就会造成绝缘损坏，缩短电动机的使用寿命，严重时甚至会烧毁电动机的定子绕组。因此，对电动机必须采取过载保护措施。过载保护是指当电动机出现过载时，能自动切断电动机的电源，使电动机停转的一种保护措施。在电动机控制电路中，最常用的过载保护电器就是热继电器。

　　热继电器是依靠电流通过发热元件时所产生的热量，使主双金属片受热弯曲而推动执行机构动作的自动保护电器，且热继电器的延时动作时间随着通过发热元件电流的增加而缩短。热继电器常用作电动机的过载保护、断相保护、电流不平衡运动保护及其他设备发热状态的控制。

　　做过载保护用的热继电器种类很多，其中以双金属片式热继电器应用最多。双金属片式热继电器具有结构简单，体积小、成本低等优点。图 1-28 所示为生产中较常见的 JR36 系列热继电器（该系列继电器即为双金属片式）。热继电器按极数划分有单极、两极和三极三种，其中三极热继电器分为带断相保护装置热继电器和不带断相保护装置热继电器两种。热继电器按复位方式划分有自动复位式和手动复位式两种。

热继电器常与交流接触器配合可组成电磁起动器，但需要注意，每个系列的热继电器一般只能和相适应系列的交流接触器配套使用，如 JR36 系列热继电器与 CJT1 系列交流接触器配套使用，JR20 系列热继电器与 CJ20 系列交流接触器配套使用，T 系列热继电器与 B 系列交流接触器配套使用。

图 1-28　JR36 系列热继电器

1. 结构与工作原理

如图 1-29 所示，JR36 系列热继电器主要由发热元件（又称热元件）、传动机构、常闭触点、常开触点、电流整定旋钮和复位按钮等组成。热继电器的热元件由主双金属片和绕在外面的电阻丝组成，其中主双金属片由两种热膨胀系数不同的金属片复合而成。

图 1-29　JR36 系列热继电器的结构

电流整定旋钮用来设定热继电器的整定电流，热继电器的整定电流是指热继电器连续工作而不动作的最大电流，超过整定电流，热继电器将在负载未达到其允许的过载极限之前动作。

热继电器使用时，需要将热元件串联在主电路中，常闭触点串联在控制电路中，当电动机过载时，流过电阻丝的电流超过热继电器的整定电流，电阻丝发热量增多，温度升高，由于两块金属片的热膨胀程度不同而使主双金属片向左弯曲，通过传动机构推动常闭触点断开，分断控制电路，再通过接触器切断主电路，实现对电动机的过载保护。电源切除后，主双金属片逐渐冷却恢复原位。热继电器的复位有手动复位和自动复位两种形式，可根据使用要求通过复位调节螺钉来自由调整选择，顺时针调节螺钉到底，为自动复位方式，一般自动复位时间不大于 5min；逆时针调节螺钉，使螺钉旋出一定距离，为手动复位方式，一般手动复位时间不大于 2min。热继电器产生过载保护多是因为电源、电路、负载等出现故障，为确保排除故障后热继电器的触点才能闭合，一般选择手动复位方式。

2. 电气符号、型号及含义

热继电器的型号含义如下：

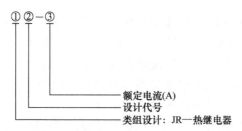

例如，JR20-10 表示热继电器，设计序号为 20，额定电流为 10A。热继电器各部分的电气符号如图 1-30 所示，热继电器应用于电气控制电路的部件有热元件、常闭触点和常开触点。热继电器还有许多其他系列，如 3UA、T 系列等，具体使用时请自行查找相关的技术手册。表 1-29 为 JR36 系列热继电器的主要技术参数。

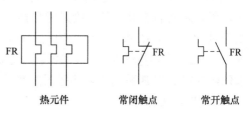

图 1-30　继电器各部件的电气符号

表 1-29　JR36 系列热继电器的主要技术参数

型　号	额定工作电流/A	热元件的电流等级		辅助触点	
		热元件额定电流/A	电流调节范围/A	额定电压/V	额定电流/A
JR36-20	20	0.35	0.25～0.35	380	0.47
		0.5	0.32～0.5		
		0.72	0.45～0.72		
		1.1	0.68～1.1		
		1.6	1～1.6		
		2.4	1.5～2.4		
		3.5	2.2～3.5		
		5	3.2～5		
		7.2	4.5～7.2		
		11	6.8～11		
		16	10～16		
		22	14～22		
JR36-32	32	16	10～16		
		22	14～22		
		32	20～32		
JR36-63	63	22	14～22		
		32	20～32		
		45	28～45		
		63	40～63		
JR36-160	160	63	40～63		
		85	53～85		
		120	75～120		
		160	100～160		

3．选用方法

热继电器在选用时可参考以下几点：

1）根据电动机的额定电流选择热继电器的规格，一般热继电器的额定电流应略大于电动机的额定电流。

2）根据需要的整定电流值选择热元件的电流等级，一般热元件的整定电流应为电动机额定电流的 0.95～1.05 倍。

3）根据电动机定子绕组的联结方式选择热继电器的结构形式，定子绕组为丫联结的电动机选用普通三相结构热继电器，而为△联结的电动机应选三相结构带断相保护装置的热继电器。

【例 1-3】 某机床电动机的型号为 Y112M-4，额定功率为 4kW，额定电压为 380V，额定电流为 8.8A，定子绕组为△联结，要对该电动机进行过载保护，应如何选择热继电器的型号及规格？

解： 热继电器型号规格的选择一般分为以下三步：

1）确定热继电器的规格：一般热继电器的额定电流应略大于电动机的额定电流，该电动机额定电流为 8.8A，查表 1-29 可知，应选择额定电流为 20A 的热继电器。

2）确定热元件的电流等级：一般热元件的整定电流应为电动机额定电流的 0.95～1.05 倍，可直接选择热元件的整定电流为电动机的额定电流，即 8.8A，查表 1-29 可知，应选择热元件的电流等级为 11A，其调节范围为 6.8～11A。

3）根据电动机定子绕组的连接方式选择热继电器的结构形式：该电动机为△联结，应选三相结构带断相保护装置的热继电器，因此应选带断相保护装置的 JR36-20 热继电器，热元件电流等级为 11A。

【任务决策与实施】

1．热继电器的检测

1）查看热继电器外观是否完好，使用螺钉旋具检查各接线点是否可以紧固，动作机构是否灵活无卡顿。

2）热元件检测：用万用表最小电阻档（$R×1$）检测三对热元件电阻，热元件电阻应趋向于零。

3）触点检测：用万用表最小电阻档（$R×1$），按表 1-30 进行检测。

表 1-30　热继电器的触点检测

操作方法	常开触点	常闭触点
未拨动 TEST	电阻趋向于无穷大	电阻趋向于零
拨动 TEST（模拟过载动作）	电阻趋向于零	电阻趋向于无穷大

2．热继电器的安装与使用

1）热继电器在安装前，应清除触点表面尘污，以免因接触电阻过大或电路不通而影响热继电器的动作性能。

2）热继电器在安装时，应按正常位置安装。安装面与垂直面的倾斜度不超过±5°，且无显著振动和冲击；安装处的环境温度应与电动机所处环境温度基本相同；当热继电器与其他电器安装在一起时，应注意将热继电器安装在其他电器的下方，以免其动作特性受到其他电器发热的影响。

3）热继电器在安装时，应按规定选用出线端的连接导线。这是因为导线的粗细和材料将影响到热元件端接点传导到外部热量的多少。导线过细，轴向导热性差，热继电器可能提前动作；反之，导线过粗，轴向导热快，热继电器可能滞后动作。连接导线的选择根据热继电器的额定电流选择，如额定电流为 10A 和 20A，应分别选择截面积为 $2.5mm^2$ 和 $4mm^2$ 的单股铜芯塑料线，具体选择可自行查阅相关的手册资料。

4）热继电器在安装使用后，应定期进行维护，及时清除热继电器上沉积的灰尘和污垢。

5）热继电器在安装使用后，应定期测试，确保其动作机构灵活，常开、常闭触点接触良好。

6）热继电器在安装使用后，若发生短路事故，应检查热元件是否已发生永久变形。若已变形，则需通电校验。因热元件变形或其他原因致使动作不准确时，只能调整其可调部件，而绝不能弯折热元件。

参考以上提供的检测、安装与使用方法对本工位所有热继电器进行检查，确定性能好坏。对性能存在问题的热继电器应及时维护或更换，填写表 1-31，并将性能完好的热继电器安装到网孔板上。

表 1-31　热继电器检查记录表

序　号	型　号	部件名称	测试结果（测试值）	处理办法

【任务评价】

针对学生完成任务情况进行评价，建议对以下三个评价点进行评价：

1）规定时间内对本工位的热继电器进行检查，并按要求安装在网孔板上。

2）热继电器的作用、电气符号和检测方法是否掌握。

3）针对本工位使用的热继电器，随意指出其中一对触点，可正确绘制出电气符号。

【任务拓展】

1. 热继电器的常见故障及处理方法

热继电器的常见故障及处理方法见表 1-32。

表 1-32　热继电器的常见故障及处理方法

故障现象	故障原因	维修方法
主电路不通	热元件烧断	更换热元件或热继电器
控制电路不通	触点烧坏或动触点簧片弹性消失	更换触点或簧片
	可调整式旋钮转到不合适的位置	调整旋钮或螺钉
	热继电器动作后未复位	按动复位按钮
热元件烧断	负载侧短路，电流过大	排除故障，更换热继电器
	操作频率过高	更换合适参数的热继电器
	机械故障	排除机械故障，更换热元件

（续）

故障现象	故障原因	维修方法
热继电器不动作	整定值过大	合理调整整定电流值
	动作触点接触不良	消除触点接触不良因素
	热元件烧断或脱焊	更换热继电器
	动作机构卡阻	消除卡阻因素
	连接导线过粗	选用标准连接导线
热继电器动作过快	整定值过小	合理调整整定值
	连接导线过细	选用标准连接导线
	安装热继电器处与电动机处环境温差太大	按两地温差情况配置适当的热继电器

2．中间继电器

图 1-27a 所示为 JZ7 系列中间继电器，中间继电器在电力拖动中常用来增加控制电路中的信号数量或将信号放大，如某一控制中需要使用到 4 对接触器的辅助常开触点，则可以将中间继电器的线圈并联到该接触器的线圈两端，此时该中间继电器的所有常开触点，即可作为该接触器的辅助常开触点使用。中间继电器的结构及工作原理与交流接触器基本相同，因此中间继电器又称接触式继电器。但中间继电器没有主辅触点之分，各对触点允许通过的电流相同，多数为 5A，因此对于工作电流小于 5A 的电气控制电路，可用中间继电器代替交流接触器使用，如 CA6140 型车床的冷却泵和刀架快速移动电动机，都采用中间继电器控制。中间继电器的图形符号与交流接触器相似，文字符号为 KA。

中间继电器的型号含义如下：

例如，JZ7-44 表示中间继电器，设计序号为 7，常开触点为 4 对，常闭触点为 4 对。中间继电器主要根据控制电路的电压等级，所需的触点数量、种类和容量等进行选择。部分常用中间继电器的主要技术参数见表 1-33。

表 1-33　部分常用中间继电器的主要技术参数

型　号	电压种类	触点电压/V	触点额定电流/A	触点组合		通电持续率（%）	额定操作频率/（次/h）	吸引线圈电压/V	吸引线圈消耗功率
				常开	常闭				
JZ7-□□	交流	380		4	4	40	1200	12、24、36、48、110、127、380、420、440、500	12V·A
				6	2				
				8	0				
JZ11-□□J/□	交流	500	5	6常开2常闭，4常开4常闭，2常开6常闭（JZ-11P还有8常开规格）		60	2000	110、127、220、380	10V·A
JZ11-□□JS/□									
JZ11-□□JP/□									

（续）

型　　号	电压种类	触点电压/V	触点额定电流/A	触点组合		通电持续率/（%）	额定操作频率/（次/h）	吸引线圈电压/V	吸引线圈消耗功率
				常开	常闭				
JZ11–□□Z/□	直流	400	5	6常开2常闭，4常开4常闭，2常开6常闭（JZ–11P还有8常开规格）		60	2000	12、24、48、110、220	7.5W
JZ11–□□ZS/□									
JZ11–□□ZP/□									
JZ14–□□J/□	交流	380		6常开2常闭，4常开4常闭，2常开6常闭		40	2000	110、127、220、380	10V·A
JZ14–□□Z/□	直流	220						24、48、110、220	7.5W
JZ15–□□J/□	交流	380	10	6常开2常闭，4常开4常闭，2常开6常闭		40	1200	36、127、220、380	起动：65W 吸持：11V·A
JZ15–□□Z/□	直流	220						24、48、110、220	11W

 思考题

热继电器与熔断器能否相互代替？为什么？

任务6　电路图、布置图和接线图的绘制与贴号训练

通过对电路图、布置图和接线图相关知识的学习与技能训练，能根据图1-31独立完成电路图标号、布置图和接线图绘制、器件上正确贴号，并掌握以下知识技能：

1）掌握电路图、布置图和接线图的绘制原则。

2）能正确地对电路图进行标号。

3）能根据电路图进行布置图和接线图的绘制。

4）能根据相关图样，对本工位各电器进行器件符号和线号的贴号。

说明：本任务中无须看懂各控制电路的工作原理。

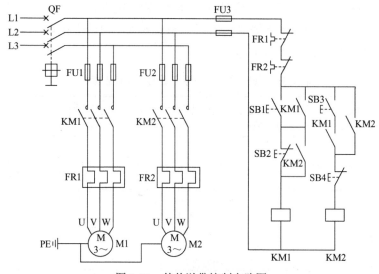

图1-31　某传送带控制电路图

【任务咨询】

电气图以各种图形、符号、线条等形式来表示电气控制中各电气设备、装置、电气元件的相互连接关系，是联系电气设计人员、生产人员与维护人员的工程语言。为了表达电气控制系统的设计意图，便于分析工作原理、安装、调试和检修，需采用统一的图形符号和文字符号来表达，国家标准化管理委员会参照国际电工委员会（IEC）颁布了一系列相关标准，如 GB/T 4728.1—2018《电气简图用图形符号　第 1 部分：一般要求》。电气图的种类较多，本书中常用的有电路图（电气原理图）、元件布置图（电器布置图）和接线图（电器安装接线图）三种。

1. 电路图的绘制与识读方法

图 1-32 所示为接触器联锁正反转控制电路的电路图，电路图能充分表达电气设备和电器的用途、作用及电路的工作原理，是电气线路安装调试和维修的理论依据，采用电气元件展开的形式绘制而成，但它并不按照电气元件的实际布置位置来绘制，也不反映电气元件的大小。由于电路图具有结构简单、层析分明、适用于研究和分析电路的工作原理等优点，所以无论是在设计部门还是在生产现场都得到了广泛的应用。

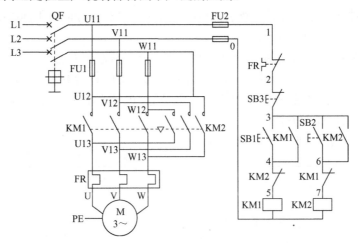

图 1-32　接触器联锁正反转控制电路的电路图

绘制和识读电路图时应遵循以下原则：

1）电路图一般分电源电路、主电路和辅助电路三部分：

① 电源电路一般画成水平线，三相交流电源按相序 L1、L2、L3 自上而下依次画出，若有中性线 N 和保护地线 PE，则应依次画在相线之下。直流电源的"+"端在上、"−"端在下画出。电源开关要水平画出。

② 主电路是指受电的动力装置及控制、保护电器的支路等，是电源向负载提供电能的电路，它由主熔断器、接触器的主触点、热继电器的热元件以及电动机等组成。主电路在图样上垂直于电源电路绘于电路图的左侧，由于通过的是电动机的工作电流，电流比较大，也可用粗实线表示。

③ 辅助电路一般包括控制主电路工作状态的控制电路、显示主电路工作状态的指示电路、提供机床设备局部照明的照明电路等。一般由主令电器的触点、接触器的线圈和辅助触

点、继电器的线圈和触点、仪表、指示灯及照明灯等组成。通常，辅助电路通过的电流较小，一般不超过 5A。辅助电路要跨接在两相电源之间，一般按照控制电路、指示电路和照明电路的顺序，用细实线依次垂直画在主电路的右侧，并且耗能元件（如接触器和继电器的线圈、指示灯、照明灯等）要画在电路图的下方，与下边电源线相连，而电器的触点要画在耗能元件与上边电源线之间。为读图方便，一般应按照自左至右、自上而下的排列来表示操作顺序。

2）电路图中，各电器不画实际的外形图，而应采用国家统一规定的电气图形符号表示。同一电器的各元件不按它们的实际位置画出，而是按其在电路中所起的作用分别画在不同的电路中，由于它们的动作是相互关联的，所以必须用同一文字符号标注。若同一电路中相同的电器较多，则需要在电器的文字符号后面加注不同的数字以示区别，如 KM1 和 KM2。各电器的触点位置都按电路未通电或电器未受外力作用时的常态位置画出，分析原理时应从触点的常态位置出发。

3）电路图采用电路编号法，即对电路中的各节点用字母或数字编号。

① 主电路在电源开关的出线端按相序依次编号为 U11、V11、W11。然后按从上至下、从左至右的顺序，每经过一个电气元件后，编号要递增，如 U12、V12、W12，U13、V13、W13；单台三相交流电动机（或设备）的三根引出线，按相序依次编号为 U、V、W。对于多台电动机引出线的编号，为了不致引起误解和混淆，可在字母前用不同的数字加以区别，如 1U、1V、1W，2U、2V、2W。

② 辅助电路编号按"等电位"原则，按从上至下、从左至右的顺序，用数字依次编号，每经过一个电气元件后，编号要依次递增。控制电路编号的起始数字必须是 1，其他辅助电路编号的起始数字依次递增 100，如照明电路编号从 101 开始，指示电路编号从 201 开始。

2．元件布置图的绘制方法

图 1-33 所示为接触器联锁正反转控制电路的元件布置图。元件布置图是根据电气元件在控制面板上的实际安装位置，采用简化的外形符号（如正方形、矩形、圆形等）绘制的一种简图，为电气控制设备的制造与安装提供必要的资料。它不表达各电器的具体结构、作用、接线情况及工作原理，主要用于电器的布置和安装。

1）元件布置图中各电器的文字符号必须与电路图和接线图中标注一致。

2）元件布置图中往往留有 10%以上的备用面积及导线管（槽）的位置，以供改进设计时用。

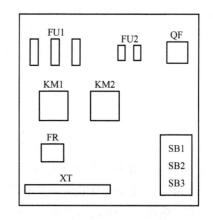

图 1-33　接触器联锁正反转控制电路的元件布置图

3．接线图的绘制方法

图 1-34 所示为接触器联锁正反转控制电路的接线图，接线图是电气施工的主要样图，主要用于安装接线、电路的检查和故障处理。接线图是根据电气设备、电气元件的实际位置和安装情况绘制的，它只用来表示电气设备和电气元件的位置、配线方式和接线方式，而不明显表示电气动作原理和电气元件之间的控制关系。绘制和识读接线图时应遵循以下原则：

1）接线图中一般应示出以下内容：电气设备和电气元件的相对位置、文字符号、端子号、导线号、导线类型、导线截面面积及屏蔽等。

2）所有电气设备和电气元件都应按照其所在的实际位置绘制在图样上，且同一电器的各元件应根据其实际结构，使用与电路图相同的图形符号画在一起，并用点画线框上，其文字符号以及接线端子的编号应与电路图中的标注一致，以便对照检查接线。

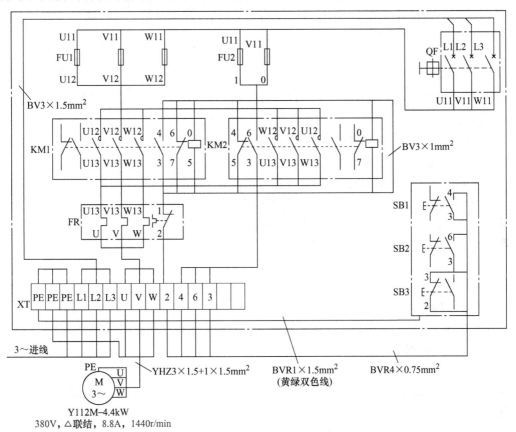

图 1-34　接触器联锁正反转控制电路的接线图

3）接线图中的导线有单根导线、导线组（或线扎）、电缆等之分，可用连续线或中断线表示。凡走向相同的导线可以合并，用线数表示，到达接线端子板或电气元件的连接点时可以分别画出。用线束表示导线组、电缆时，可用粗线条表示，在不引起误解的情况下，也可采用部分加粗。另外，导线及管子的型号、根数和规格应标注清楚，如图 1-34 中 BV3×1.5mm²，表示 3 根截面面积为 1.5mm² 的 BV 导线。

4）网孔板内器件（QF、FU、KM、FR、KT 等）和网孔板外器件（电源、电动机、SB、SQ 等）如需连接，一般情况下需经过端子排 XT，端子排 XT 的信号排序一般按电源电路、主电路和辅助电路进行，端子排上的线号为板内、板外器件共有线号，以辅助电路为例，如图 1-34 中端子排上的 2、4、6、3。

【任务决策与实施】

1）按照电路图绘制原则，对图 1-31 进行标号，并根据电路图进行器件类型（具体参数信息可暂时忽略）的选择与检查，检查合格的器件贴好器件符号。

2）按照布置图绘制原则，根据图 1-31 绘制该电路的布置图（见图 1-35），并根据该布置图进行器件的安装。

3）按照接线图绘制原则，根据图 1-31 绘制该电路的接线图，并根据该接线图贴好线号（将线号贴在相应接线点的螺钉上即可）。

【任务评价】

针对学生完成任务情况进行评价，建议对以下四个评价点进行评价：

1）规定时间（如 20min）内对电路图进行标号，正确选择并检查器件，正确贴器件符号。

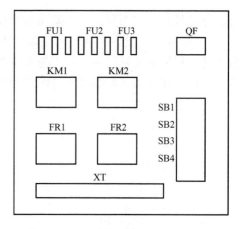

图 1-35　某传送带控制电路布置图

2）规定时间（如 20min）内正确绘制布置图，并按所画布置图进行器件安装。

3）规定时间（如 30min）内正确绘制接线图，并按接线图正确贴线号。

4）指定电路图任意部分，在规定时间内可正确选好器件并正确贴号。

习　　题

1．熔断器的作用是什么？电气符号如何画？

2．熔断器由哪几部分组成？熔断器额定电流与选用熔体的额定电流应满足什么关系？

3．为什么熔断器一般情况下不宜作过载保护？

4．RS0–50/30 的含义是什么？适用于什么场合？

5．现有一台频繁起动的三相异步电动机，额定功率为 4kW，额定电压为 380V，额定电流为 9.2A，应如何选择熔断器？

6．什么是低压开关？常见的低压开关有哪些？

7．低压断路器的作用是什么？电气符号如何画？

8．低压断路器中的热脱扣器、电磁脱扣器和欠电压脱扣器分别实现何种保护？

9．现有一台三相异步电动机，额定功率为 4kW，额定电压为 380V，额定电流为 9.2A，应如何选择低压断路器？

10．组合开关适用于何种场合？电气符号如何画？HZ10–25 的含义是什么？

11．什么是主令电器？常见的主令电器有哪些？

12．生活中有哪些地方用到了主令电器？

13．按钮由哪几部分组成？

14．简述复合按钮按下时常开触点和常闭触点的动作顺序。

15．起动按钮、停止按钮、复合按钮、急停按钮和钥匙操作式按钮的电气符号如何画？

16．现有一个三联按钮，按钮颜色分别为红、黑、绿，需要两个按钮作为起动按钮，应选哪两个按钮？在化工腐蚀性气体的环境中使用按钮，应选用哪种结构型式的按钮？

17．接触器的作用是什么？接触器的常见分类方法有哪几种？

18．交流接触器由哪几部分组成？

19. 交流接触器的电磁系统由哪几部分组成？静、动铁心（一般用 E 形硅钢片叠压而成）的作用是什么？E 形铁心的中柱端面留有 0.1～0.2mm 的气隙，其作用是什么？线圈制成粗而短的圆筒形，且在线圈和铁心之间留有空隙，其作用是什么？短路环的作用是什么？

20. 交流接触器的触点系统由哪几部分组成？交流接触器的触点按接触形式如何分类？按触点的结构形式如何分类？

21. 交流接触器常采用的灭弧装置有哪几种？

22. 交流接触器的辅助部件有哪些？各自作用是什么？

23. 简述交流接触器的工作原理。

24. 简述交流接触器线圈得电时常开触点和常闭触点的动作顺序。

25. 交流接触器的电气符号如何画？

26. CJT1-20 的含义是什么？适用于什么场合？

27. 现有一台三相异步电动机，额定功率为 4kW，额定电压为 380V，额定电流为 9.2A，应如何选择交流接触器？

28. 什么是继电器？简述继电器的常见分类方法。

29. 为什么电动机必须采取过载保护措施？

30. 热继电器的作用是什么？

31. 双金属片式热继电器由哪些部件组成？

32. 什么是整定电流？如何计算整定电流？

33. 简述热继电器的工作原理。

34. 热继电器的自动复位和手动复位如何设置？两种复位方式的复位时间一般是多少？

35. 热继电器的电气符号如何画？

36. JR20-25 的含义是什么？

37. 现有一台三相异步电动机，额定功率为 4kW，额定电压为 380V，额定电流为 9.2A，应如何选择热继电器？整定电流应设为多少？

38. 电路图、布置图和接线图的用途分别是什么？

39. 电路图由哪几部分组成？

40. 为读电路图方便，一般应按照什么排列顺序来表示操作顺序？

41. 接线图中 BV3×4mm^2 的含义是什么？

42. 某控制电路的辅助电路中，网孔板内器件使用到线号 1、2、4、5、7、8，网孔板外器件使用到线号 2、3、4、5，则辅助电路有哪些线号应经过端子排？

项目 2 电动机正转控制电路的安装与调试

三相笼型异步电动机正转控制电路只能控制电动机单向起动和停止，并带动生产机械的运动部件朝一个方向旋转和运动。正转控制电路可按控制效果分为手动正转控制、点动正转控制、连续正转控制和点动与连续混合正转控制四种，本项目主要进行点动正转控制、连续正转控制和点动与连续混合正转控制三种控制电路的安装与调试。

学习目标

通过本项目的学习与训练，应达到以下目标：
1）掌握起动、自锁以及停止的实现方法。
2）能正确分析三相笼型异步电动机正转控制电路中点动、连续、点动与连续混合三种控制的工作原理。
3）掌握三相笼型异步电动机三种正转控制电路的安装与调试方法。

任务 1 点动正转控制电路的安装与调试

根据图 2-1 所示电路图完成三相笼型异步电动机点动正转控制电路的安装与调试任务，并掌握以下知识技能：
1）起动的实现方法。
2）三相笼型异步电动机点动正转控制电路工作原理的分析方法。
3）三相笼型异步电动机点动正转控制电路的安装与调试方法。

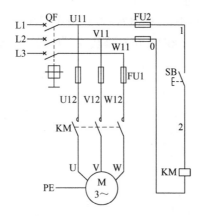

图 2-1 三相笼型异步电动机点动正转控制电路图

【任务咨询】

[前提知识]

1．点动正转控制电路所需电气器件

根据图 2-1 所示的三相笼型异步电动机点动正转控制电路图列出本电路所需电气器件清单，见表 2-1。

表 2-1　点动正转控制电路所需电气器件清单

序　号	名　称	电气符号	作　用	外 观 图	备　注
1	低压断路器（俗称空气开关）	QF	控制电源通断，且具有欠电压、失电压、过载和短路保护的作用 QF：控制电路电源的通断		
2	低压熔断器	FU	一般串联在被保护电路中，主要用于短路保护和过载保护（照明和电加热电路） FU1：保护主电路 FU2：保护控制电路		
3	起动按钮	SB	发出起动指令且具有松手自动复位功能 SB：起动接触器 KM		
4	交流接触器	KM　　KM 常开触点 （带灭弧装置）（不带灭弧装置） KM　　KM 常闭触点　　线圈	具有低压释放的保护功能，适用于频繁操作和远距离自动控制 KM：控制电动机的运行		
5	三相笼型异步电动机	M 3~	M：带动生产机械的运动部件朝一个方向旋转和运动		

2．手动正转控制电路

手动正转控制电路通过低压开关来控制电动机的单向起动和停止，常用来控制三相电风扇和砂轮机等设备。图 2-2 所示为用低压断路器控制的手动正转控制电路，该电路由三相电源 L1、L2、L3，熔断器 FU，低压断路器 QF 和三相交流异步电动机 M 构成。低压断路器集控制、保护于一身，熔断器主要起到短路保护作用，当低压断路器闭合时，电流由三相电源

经熔断器、低压断路器流入电动机，电动机带动生产机械的运动部件运转。手动正转控制电路的优点是所用电气器件少、电路简单，缺点是操作劳动强度大、安全性差且不宜实现远距离控制和自动控制。

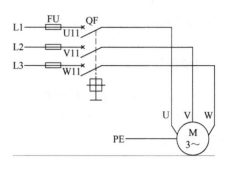

图 2-2　手动正转控制电路

[核心知识]

图 2-3 所示为 CA6140 型车床，当操作人员需要快速移动车床刀架时，只需按下按钮即可；松开按钮，刀架立即停止移动。刀架的快速移动采用的是一种点动控制电路，它通过主令电器——按钮和自动控制电器——接触器来实现电路的远距离自动控制。

点动控制：按下按钮电动机得电运转，松开按钮电动机失电停转的控制方法。

图 2-3　CA6140 型车床

1．点动正转控制电路的工作原理分析

图 2-1 是用按钮和接触器来控制电动机运转的最简单的正转控制电路。

从图 2-1 所示电路可以看到，三相交流电源 L1、L2、L3 与低压断路器 QF 组成电源电路；熔断器 FU1、接触器 KM 的主触点和三相笼型异步电动机 M 构成主电路；熔断器 FU2、起动按钮 SB 和接触器 KM 的线圈组成用于控制主电路工作状态的控制电路。低压断路器 QF 作为电源隔离开关，熔断器 FU1 和 FU2 分别对主电路和控制电路起保护作用，接触器 KM 的主触点控制电动机 M 的起动和停止。点动正转控制电路的具体工作原理如下：

1）合上电源开关 QF

2）起动：按下 SB→KM 线圈得电→KM 主触点闭合→电动机 M 得电运转

3）停止：松开 SB→KM 线圈失电→KM 主触点断开→电动机 M 失电停转

2．起动的实现方法

从点动正转控制电路工作原理的分析可以看出，按钮 SB 对于接触器 KM 的线圈产生的就是起动的作用，只要按下按钮 SB（即发出起动命令），接触器 KM 的线圈（即被起动元件）就会得电。所以要实现起动，就是将"起动信号"的常开触点串联到被起动元件线圈的上方，如图 2-4 所示（未画出其余保护部分电路）。

【任务决策与实施】

1．工作前准备

1）穿戴好劳动防护用品。

2）清点器件、仪表、电工工具，并摆放整齐。

3）根据图 2-1 所示电路图绘制布置图（见图 2-5）和接线图。

4）写出通电试车的调试步骤（即如何操作、接触器如何动作、电动机如何运行）。

图 2-4　起动的实现方法

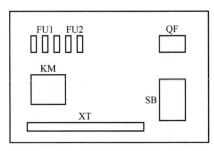

图 2-5　三相笼型异步电动机点动正转控制电路布置图

2. 安装与调试步骤

三相笼型异步电动机点动正转控制电路的安装与调试步骤见表 2-2。

表 2-2　三相笼型异步电动机点动正转控制电路的安装与调试步骤

序　号	环　节	步　骤	具体执行及需记录内容
1	器件的检测与安装	1-1　根据电路图选择电气器件	根据图 2-1 所示电路图确定所需电气器件：低压断路器（QF）1 个、低压熔断器（FU）5 个、起动按钮（SB）1 个和交流接触器（KM）1 个，具体器件作用及外观见表 2-1
		1-2　检测待用电气器件性能并记录必要的测试值	根据项目 1 任务 1~4 的器件检测方法对已选出的低压断路器（QF）、低压熔断器（FU）、起动按钮（SB）和交流接触器（KM）进行检测，确保器件性能正常，并将 KM 的线圈电阻值记入表 2-3 "第一步：器件检查"中，便于后期的电路检测计算
		1-3　将各电气器件的符号贴在对应的器件上	根据图 2-1 所示电路图在贴纸上写好：QF、FU1、FU1、FU1、FU2、FU2、KM、SB，将写好的贴纸贴到对应的器件上，确保贴号清晰可见且不影响后续操作
		1-4　根据已绘制好的布置图在网孔板上安装需要使用的各器件	根据图 2-1 所示电路图绘制好布置图（见图 2-5）并进行器件安装，注意： 1）实际安装位置应与布置图一致 2）器件应安装整齐、牢固 3）安装时避免出现螺钉不正或用力过大，以免损伤器件固定用安装孔
2	控制电路的安装与调试	2-1　根据电路图和接线图，写出控制电路所需线号	根据图 2-1 可写出控制电路所需线号：1、1、2、2、0 和 0，注意： 1）为保证后期通电调试，控制电路所需电源经过的电源电路也要在控制电路中写出，因此增加线号：L1、L2、U11、U11、V11 和 V11 2）涉及板内、板外共有线号时需要增加端子排线号，本电路中的电源、按钮都属于板外器件，因此与其相关的线号若板内也有，则需要增加端子排线号：L1、L2、1 和 2
		2-2　根据电路图和接线图，将写好的线号贴到对应器件的对应触点旁	贴号时应注意以下几点： 1）贴号时注意不要贴错触点，如常开触点与常闭触点不要贴错 2）尽量选择统一的方法（如都在触点正上方）进行贴号，这样可尽量减少出错可能，如一个电路中部分贴左侧、部分贴右侧，就可能出现安装中突然分不清所贴线号到底属于哪一对触点的情况 3）贴号时注意所选位置尽量避开安装时可能会被反复碰到的位置，以免线号被碰掉或者影响安装，如贴到螺钉正上方，就会出现影响安装的情况
		2-3　根据电路图和接线图，进行接线	接线原则：所有相同的线号需要用导线连接到一起（导线连接好后使用万用表测量，任意两个同号点之间应为导通状态），一般情况下一根导线两端线号相同 　　达到以上原则的接线方法很多，此处建议初学者每次将同一个线号全部接线完后再进行下一个线号的接线，如本电路可按照 L1、U11、1、2、0、V11 和 L2 的顺序进行接线。以"1"为例说明接线方法：首先查看电路图（或者接线图）可以发现一共有 3 个"1"号，分别在 FU2、SB 和 XT 上，板内、板外器件需要连接时应经过端子排，因此使用两根导线分别将 FU2 和 XT、XT 和 SB 连接（实现 3 个"1"号点的连接），之后即可进行下一个线号的接线

（续）

序 号	环 节	步 骤	具体执行及需记录内容
2	控制电路的安装与调试	2-4 结合电路图核对接线	结合图 2-1 所示电路图，对电路中 L1、U11、1、2、0、V11 和 L2 依次进行检查核对。以 "2" 为例说明检查方法：电路中可以看到一共有 3 个 "2" 号，分别在 KM 线圈、SB 和 XT 上，检查 3 个接线点是否正确，且 3 个点之间是否已用两根导线连接完毕
		2-5 使用万用表对电路进行基本检测	根据表 2-3 "第二步：控制电路检测" 对控制电路 KM 的各功能进行检测，并记录相关数据，根据器件检查记录值估算理论值，若理论值与测量值相近（一致），则说明电路基本正常
		2-6 通电试车	将电源的两根相线接到端子排的 L1 和 L2 上，闭合电源开关： 1) 按下 SB，接触器 KM 得电吸合 2) 松开 SB，接触器 KM 断电释放 试车完毕后，断开电源开关，从端子排上取下电源的两根相线，注意通电期间不可以直接或间接触碰任何带电体
3	主电路的安装与调试	3-1 根据电路图和接线图，写出主电路所需线号	根据图 2-1 写出主电路所需线号：U11、V11、W11、W11、U12、U12、V12、V12、W12、W12、U、V 和 W，注意： 1) 为保证后期通电调试，主电路所需电源经过的电源电路也要在主电路中写出，因此在已有控制电路的电源基础上增加线号：L3 2) 设计板内、板外共有线号时需要增加端子排线号，本电路中电源、电动机都属于板外器件，因此安装时与其相关的线号若板内也有，则需要增加端子排线号：L3、U、V 和 W
		3-2 根据电路图和接线图，将写好的线号贴到对应器件的对应触点旁	贴号时的注意事项与本表步骤 2-2 一致
		3-3 根据电路图和接线图，进行接线	接线原则和接线方法与本表步骤 2-3 一致
		3-4 结合电路图核对接线	接线核对方法与本表步骤 2-4 一致
		3-5 使用万用表对电路进行基本检测	根据表 2-3 "第三步：主电路检测" 对主电路 KM 未压合、压合两种状态进行检测，并记录相关数据，若估算理论值与测量值相近（一致），则说明电路基本正常 作为初学者，可能会出现电源线接错导致电源短路的情况，为防止出现此类情况，建议根据表 2-3 "第四步：防短路检测" 进行检测
		3-6 通电试车	将电动机定子绕组按电动机自身铭牌要求接成指定形式后，再将 U1、V1 和 W1 分别接入端子排上的 U、V 和 W，将电源的三根相线接到端子排的 L1、L2 和 L3 上，闭合电源开关： 1) 按下 SB，接触器 KM 得电吸合，电动机得电运转 2) 松开 SB，接触器 KM 断电释放，电动机失电惯性运转一段时间后停止 试车完毕后，断开电源开关，从端子排上取下电源的三根相线，注意通电期间不可以直接或间接触碰任何带电体

注：1. 电路装调过程中需要注意的工艺规范等问题详见附录 B。

2. 操作过程中及作业完成后，工具、仪表、器件、设备等应摆放整齐。

3. 操作过程中不做与本任务无关的事。

4. 通电试车阶段注意用电安全，凡是接线需要调整时，切记确认接线已与电源完全脱离。

5. 作业完成后应清理、清扫工作现场。

3. 参考检测方法

表 2-3 为三相笼型异步电动机点动正转控制电路的参考检测方法，主要包括器件检查、控制电路检测、主电路检测和防短路检测四部分。其中，器件检查阶段记录的线圈电阻值是

为了后期推算理论值，以便判断测量值是否正确；控制电路检测主要检测起停功能是否正常，先根据器件检查阶段的测量值计算理论值，再将测量值与理论值对比，如基本一致则说明电路正常，如差别较大则需检查电路；主电路检测主要检测接触器主触点闭合时相关电路是否处于接通状态。

　　注意：整个检查阶段不接入电源、不接入电动机、电源开关（QF）已闭合。

表2-3　三相笼型异步电动机点动正转控制电路的参考检测方法

第一步：器件检查				
万用表档位	KM 线圈电阻测量值			
指针式 $R\times100$				
第二步：控制电路检测				
万用表档位	指针式 $R\times100$			
测试点	万用表两表笔分别放置在控制电路电源线上（如图 2-1 中的 L1 和 L2）			
序号	测试功能	操作方法	理论电阻值	测量电阻值
1	未起动状态检测	无须操作		
2	KM 起动与停止检测	按下起动按钮 SB		
		松开起动按钮 SB		
第三步：主电路检测				
万用表档位	指针式 $R\times1$			
序号	操作方法	测试点	理论电阻值	测量电阻值
1	未压合 KM	L1-U		
		L2-V		
		L3-W		
2	压合 KM	L1-U		
		L2-V		
		L3-W		
第四步：防短路检测				

　　以上参考检测方法建立在接线正确的情况下，为保证安全，建议增加防短路检测。在未接入电源、闭合电源开关、未接入电动机的前提下，具体方法如下：

　　1）不压合 KM，L1、L2、L3 三根电源线间两两检测，电阻值都应为无穷大

　　2）压合 KM，L1、L2、L3 三根电源线间两两检测，电阻值都应为无穷大

【任务评价】

　　在完成电路的安装与调试任务以后，请根据附录 A 进行任务评分，并对完成本任务过程中遇到的问题进行总结。

【任务拓展】

　　三相笼型异步电动机点动正转控制电路进行了电路基本检测后再上电也可能会出现不能正常工作的情况。另外，在电路长时间工作后，电路中的导线、器件都可能发生故障，从而导致电路无法正常工作，因此表 2-4 列出了该电路的部分故障现象及检测方法。常用的电路检测方法有电压测量法和电阻测量法两种，表 2-4 主要采用万用表电阻测量法进行电路检

测，另外检修电路时无论电路中有多少故障，都建议先按一个电路故障进行分析检测，排除一个故障后如果电路仍不能正常工作，再继续分析检测。

表 2-4　三相笼型异步电动机点动正转控制电路的部分故障现象及检测方法

序号	故障现象	分析原因	检测方法（参考）
1	按下起动按钮，接触器不吸合	接触器线圈未得电	步骤 1：在电路接入电源的情况下，用万用表交流电压档检测控制电路接入的电源是否正常： 1）电源不正常则检查电源 2）电源正常的情况下，进行下一步检查 步骤 2：断开电源，用万用表电阻档 R×100 检查控制电路在按下起动按钮后是否接通，测试电阻值应为接触器的线圈电阻值，若不满足要求，进行下一步检查 步骤 3：保持万用表电阻档 R×100 不变，测试范围为 L1-U11-1-2-0-V11-L2，一个表笔在 L1 不动，另一个表笔采用缩小范围法，从 L2 开始逐点后退，依次判别当前测试值是否正常，直到测试值正常，则移动的表笔本次所在测试点和上次所在测试点之间存在问题，需要使用万用表再次确认这两点之间是否正常（当前测试范围内如存在断开触点，则需人为闭合该触点）
2	接触器吸合后，电动机不运转或运转不正常	主电路电动机未正确接入三相电源	步骤 1：将电动机从电路中移除后，按下起动按钮，使用万用表交流电压档测试需要接入电动机的三个点（端子排上的），检测每两点间的电源是否正常： 1）电源正常的情况下，检查电动机是否完好 2）电源不正常的情况下，根据测试结果确定是哪一点电源不正常，进行下一步检查 步骤 2：根据前面的测试结果分析电源不正常的部分（如 V-W 间电压正常，V-U、U-W 两组间不正常，则说明是 U 相出了问题，即范围为 L1-U11-U12-U），切断电源，手动压合接触器，使用万用表电阻档 R×1 测量电源不正常部分的电路，采用故障现象 1 步骤 3 的方法进行问题点检测

 思考题

如何改造点动正转控制电路，才能实现松开起动按钮后电动机可以继续运转？

任务 2　连续正转控制电路的安装与调试

根据图 2-6 所示电路图完成三相笼型异步电动机连续正转控制电路的安装与调试任务，并掌握以下知识技能：

1）自锁、停止的实现方法。

2）三相笼型异步电动机连续正转控制电路工作原理的分析方法。

3）三相笼型异步电动机连续正转控制电路的安装与调试方法。

【任务咨询】

[前提知识]

根据图 2-6 所示的三相笼型异步电动机连续正转控制电路图列出本电路所需电气器件清单，见表 2-5（与本项目任务 1 重复电器未列出）。

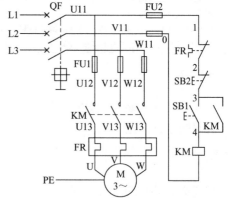

图 2-6　三相笼型异步电动机连续正转控制电路图

表 2-5　连续正转控制电路相关电气器件清单

序　号	名　　称	电气符号	作　　用	外观图	备　注
1	停止按钮	E-/SB	发出停止指令且具有松手自动复位功能 SB2：停止接触器 KM		
2	热继电器	FR / FR	具有过载保护、断相保护、电流不平衡保护等功能 FR：对电动机进行过载保护		

点动正转控制只适用于短时控制，当需要电动机长时间运行时，就要靠连续正转控制来实现。

[核心知识]

以 CA6140 型车床为例（见图 2-7），当操作人员对工件进行加工时，需要先将工件卡在卡盘上，之后由主轴电动机通过卡盘（或顶尖）带动工件旋转。按下起动按钮，工件开始旋转；按下停止按钮，工件立即停止旋转。工件的旋转运动采用的是一种连续单向运转控制电路。

图 2-7　CA6140 型车床

1．连续正转控制电路的工作原理分析

图 2-6 是用按钮和接触器来控制电动机连续运转的正转控制电路。

从图 2-6 所示电路可以看出，三相交流电源 L1、L2、L3 与低压断路器 QF 组成电源电路，熔断器 FU1、接触器 KM 的主触点、热继电器 FR 热元件和三相笼型异步电动机 M 构成主电路，熔断器 FU2、起动按钮 SB1、停止按钮 SB2、热继电器 FR 常闭触点和接触器 KM 的辅助常开触点及线圈组成用于控制主电路工作状态的控制电路。低压断路器 QF 作为电源隔离开关，熔断器 FU1 和 FU2 分别对主电路和控制电路起到保护作用，热继电器 FR 对电动机进行过载保护，接触器 KM 的主触点控制电动机 M 的起动和停止。连续正转控制电路的具体工作原理如下：

1）合上电源开关QF

2）起动(连续)：按下SB1→KM线圈得电┬KM主触点闭合→电动机M连续运转 ①

　　　　　　　　　　　　　　　　└KM辅助常开触点闭合→KM线圈保持得电(自锁)→①

3）停止：按下SB2→KM线圈失电┬KM主触点恢复断开→电动机M失电停转

　　　　　　　　　　　　　　　└KM辅助常开触点恢复断开(解除自锁)

2．自锁的实现方法

当起动按钮松开后，接触器通过自身辅助常开触点使其线圈保持得电的作用称为自锁。与起动按钮并联起到自锁作用的辅助常开触点称为自锁触点，图 2-6 也称为接触器自锁控制电路。因此要实现自锁，就是将需要保持得电的接触器的辅助常开触点并联在该接触器起动信号的两端，如图 2-8 所示（未画出其余保护部分电路）。

3．停止的实现方法

由连续正转控制电路工作原理的分析可以看出，按钮 SB2 对于接触器 KM 的线圈产生的就是停止的作用，只要按钮 SB2 按下（即发出停止命令），接触器 KM 的线圈（即被停止元件）就会失电。所以要实现停止，就是将停止信号的常闭触点串联到被停止元件的线圈的电源线上，如图 2-9 所示（未画出其余保护部分电路）。

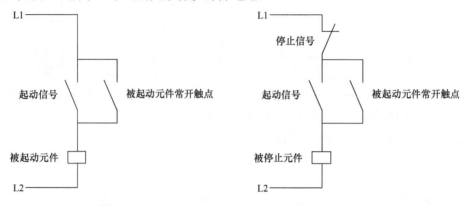

图 2-8　自锁的实现方法　　　　　　　　　图 2-9　停止的实现方法

4．热继电器的作用及关键参数设定

过载保护是指当电动机出现过载时，能自动切断电动机的电源，使电动机停转的一种保护措施。电动机控制电路中，最常用的过载保护电器是热继电器，热元件串接在三相主电路中，常闭触点串接在控制电路中，如图 2-6 所示。若电动机在运行过程中，由于过载或其他原因使电流超过额定值，那么经过一定时间后，串接在主电路中的热元件因受热发生弯曲，通过传动机构使串接在控制电路中的常闭触点分断，切断控制电路，接触器 KM 线圈失电，其主触点和自锁触点断开，电动机 M 失电停转，从而达到过载保护的目的。

热继电器在安装完成后还需进行关键参数（整定电流）的整定，一般整定电流为被保护电动机额定电流的 0.95～1.05 倍，如电动机额定电流为 8A，则热继电器整定电流可以在 7.6～8.4A 中选择一个值设定。

【任务决策与实施】

1．工作前准备

1）穿戴好劳动防护用品。

2）清点器件、仪表、电工工具，并摆放整齐。

3）根据图 2-6 所示电路图绘制布置图（见图 2-10）和接线图。

4）写出通电试车的调试步骤（即如何操作、接触器如何动作、电动机如何运行）。

2．安装与调试步骤

三相笼型异步电动机连续正转控制电路的安装与调试步骤见表 2-6。

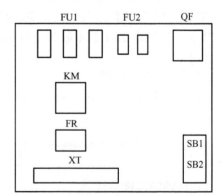

图 2-10　三相笼型异步电动机
连续正转控制电路布置图

表2-6 三相笼型异步电动机连续正转控制电路的安装与调试步骤

序 号	环 节	步 骤	具体执行及需记录内容
1	器件的检测与安装	1-1 根据电路图选择电气器件	根据图2-6所示电路图确定所需电气器件：低压断路器（QF）1个、低压熔断器（FU）5个、起动按钮（SB1）1个、停止按钮（SB2）1个、热继电器（FR）1个和交流接触器（KM）1个，各器件作用及外观见表2-1和表2-5
		1-2 检测待用电气器件的性能并记录必要的测试值	根据项目1任务1~5的器件检测方法对已选出的低压断路器（QF）、低压熔断器（FU）、起动按钮（SB1）、停止按钮（SB2）、热继电器（FR）和交流接触器（KM）进行检测，确保器件性能正常，并将KM的线圈电阻值记入表2-7"第一步：器件检查"中，便于后期的电路检测计算
		1-3 将各电气器件的符号贴在对应的器件上	根据图2-6所示电路图在贴纸上写好：QF、FU1、FU1、FU1、FU2、FU2、KM、SB1、SB2、FR，并将写好的贴纸贴到对应的器件上，确保贴号清晰可见且不影响后续操作
		1-4 根据已绘制好的布置图在网孔板上安装需要使用的各电气器件	根据图2-6所示电路图绘制好布置图（见图2-10）并进行器件安装，注意： 1）实际安装位置应与布置图一致 2）器件应安装整齐、牢固 3）安装时避免出现螺钉不正或用力过大，以免损伤器件固定用安装孔
2	控制电路的安装与调试	2-1 根据电路图和接线图，写出控制电路所需线号	根据图2-6可写出控制电路所需线号：1、1、2、2、3、3、3、4、4、4、0和0，注意： 1）为保证后期通电调试，控制电路所需电源经过的电源电路也要在控制电路中写出，因此增加线号：L1、L2、U11、U11、V11和V11 2）涉及板内、板外共有线号时需要增加端子排线号，本电路中电源、按钮都属于板外器件，因此与其相关的线号若板内也有时，则需要增加端子排线号：L1、L2、2、3和4
		2-2 根据电路图和接线图，将写好的线号贴到对应器件的对应触点旁	贴号时应注意以下几点： 1）贴号时注意不要贴错触点，如常开触点与常闭触点不要贴错 2）尽量选择统一的方法（如都在触点正上方）进行贴号，这样可尽量减少出错可能，如一个电路中部分贴左侧、部分贴右侧，就可能出现安装中突然分不清所贴线号到底属于哪一对触点的情况 3）贴号时注意所选位置尽量避开安装时可能会被反复碰到的位置，以免线号被碰掉或者影响安装，如贴到螺钉正上方，就会出现影响安装的情况
		2-3 根据电路图和接线图，进行接线	接线原则：所有相同的线号需要用导线连接到一起（导线连接好后使用万用表测量，任意两个同号点之间应为导通状态），还需注意一般情况下一根导线两端线号一定相同 达到以上原则的接线方法很多，此处建议初学者每次将同一个线号全部接线完后再进行下一个线号的接线，如本电路可按照L1、U11、1、2、3、4、0、V11和L2的顺序进行接线。以"3"为例说明接线方法：首先查看电路图（或者接线图）可以发现一共有4个"3"号，分别在SB1、SB2、KM线圈和XT上，板内、板外设备需要连接时应经过端子排，因此使用3根导线分别将KM线圈与XT、XT和SB1、SB1和SB2连接（实现4个"3"号点的连接），之后即可进行下一个线号的接线
		2-4 结合电路图核对接线	结合图2-6所示电路图，对电路中L1、U11、1、2、3、4、0、V11和L2依次进行检查核对，以"3"为例说明检查方法：电路中可以看到一共有4个"3"号，分别在SB1、SB2、KM和XT上，检查4个接线点是否正确，且4个点之间是否已用3根导线连接完毕
		2-5 使用万用表对电路进行基本检测	根据表2-7"第二步：控制电路检测"对控制电路各功能进行检测，并记录相关数据，根据器件检查记录值估算理论值，如理论值与测量值相近（一致），则说明电路基本正常

（续）

序 号	环 节	步 骤	具体执行及需记录内容
2	控制电路的安装与调试	2-6 通电试车	将电源的两根相线接到端子排的 L1 和 L2 上，闭合电源开关： 1）按下 SB1，接触器 KM 得电吸合 2）松开 SB1，接触器 KM 保持吸合 3）按下 SB2，接触器 KM 断电释放 试车完毕后，断开电源开关，从端子排上取下电源的两根相线，注意通电期间不可以直接或间接触碰任何带电体
3	主电路的安装与调试	3-1 根据电路图和接线图，写出主电路所需线号	根据图 2-6 写出主电路所需线号：U11、V11、W11、W11、U12、U12、V12、V12、W12、W12、U13、U13、V13、V13、W13、W13、U、V 和 W，注意： 1）为保证后期通电调试，主电路所需电源经过的电源电路也要在主电路中写出，因此在已有控制电路的电源基础上增加线号：L3 2）设计板内、板外共有线号时需要增加端子排线号，本电路中电源、电动机都属于板外设备，因此安装时与其相关的线号若板内也有，则需要增加端子排线号：L3、U、V 和 W
		3-2 根据电路图和接线图，将写好的线号贴到对应器件的对应触点旁	贴号时的注意事项与本表步骤 2-2 一致
		3-3 根据电路图和接线图，进行接线	接线原则和接线方法与本表步骤 2-3 一致
		3-4 结合电路图核对接线	接线核对方法与本表步骤 2-4 一致
		3-5 使用万用表对电路进行基本检测	根据表 2-7 "第三步：主电路检测"对主电路 KM 未压合、压合两种状态进行检测，并记录相关数据，若估算理论值与测量值相近（一致），则说明电路基本正常 作为初学者，可能会出现电源线接错导致电源短路的情况，为防止出现此类情况，建议根据表 2-7 "第四步：防短路检测"进行检测
		3-6 通电试车	将电动机定子绕组按电动机自身铭牌要求接成指定形式后，再将 U1、V1 和 W1 分别接入端子排上的 U、V 和 W（根据电动机的额定电流整定好热继电器的整定电流：一般整定电流为被保护电动机额定电流的 0.95～1.05 倍），将电源的三根相线接到端子排的 L1、L2 和 L3 上，闭合电源开关： 1）按下 SB1，接触器 KM 得电吸合，电动机得电运转 2）松开 SB1，接触器 KM 保持吸合，电动机保持运转 3）按下 SB2，接触器 KM 断电释放，电动机失电惯性运转一段时间后停止 试车完毕后，断开电源开关，从端子排上取下电源的三根相线，注意通电期间不可以直接或间接触碰任何带电体

3. 参考检测方法

表 2-7 为三相笼型异步电动机连续正转控制电路的参考检测方法，主要包括器件检查、控制电路检测、主电路检测和防短路检测四部分。其中，器件检查阶段记录的线圈电阻值是为了后期推算理论值，以便判断测量值是否正确；控制电路检测主要检测起动、停止、自锁功能是否正常，先根据器件检查阶段的测量值计算理论值，再将测量值与理论值对比，如基本一致则说明电路正常，如差别较大则需检查电路；主电路检测主要检测接触器主触点闭合时相关电路是否处于接通状态。

注意：整个检查阶段不接入电源、不接入电动机、电源开关已闭合。

表 2-7 三相笼型异步电动机连续正转控制电路的参考检测方法

第一步：器件检查				
万用表档位	KM 线圈电阻测量值			
指针式 $R×100$				
第二步：控制电路检测				
万用表档位	指针式 $R×100$			
测试点	万用表两表笔分别放置在控制电路电源线上（如图 2-6 中的 L1 和 L2）			
序号	测试功能	操作方法	理论电阻值	测量电阻值
1	未起动状态检测	无须操作		
2	KM 起动与停止检测	按下起动按钮 SB1		
		同时按下起动按钮 SB1 和停止按钮 SB2		
3	KM1 自锁与停止检测	压合 KM（即自锁）		
		压合 KM，同时按下停止按钮 SB2		
第三步：主电路检测				
万用表档位	指针式 $R×1$			
序号	操作方法	测试点	理论电阻值	测量电阻值
1	未压合 KM	L1-U		
		L2-V		
		L3-W		
2	压合 KM	L1-U		
		L2-V		
		L3-W		
第四步：防短路检测				

以上参考检测方法建立在接线正确的情况下，为保证安全，建议增加防短路检测。在未接入电源、闭合电源开关、未接入电动机的前提下，具体方法如下：

1）不压合 KM，L1、L2、L3 三根电源线间两两检测，电阻值都应为无穷大

2）压合 KM，L1、L2、L3 三根电源线间两两检测，除 L1-L2 间会测得线圈电阻值以外，测得的另两个电阻值应为无穷大

【任务评价】

在完成电路的安装与调试任务以后，请根据附录 A 进行任务评分，并对完成本任务过程中遇到的问题进行总结。

【任务拓展】

1. 连续正转控制电路的部分故障及检测方法

三相笼型异步电动机连续正转控制电路进行了电路基本检测后再上电也可能会出现不能正常工作的情况。另外，在电路长时间工作后，电路中的导线、器件都可能发生故障，从而导致电路无法正常工作，因此表 2-8 列出了该电路的部分故障现象及检修方法（表 2-4 中已分析的典型故障不再进行分析）。常用的电路检测方法有电压测量法和电阻测量法两种，表 2-8 采用万用表电阻测量法进行电路检测，另外检修电路时无论电路中有多少故障，都建议先按一个电路故障进行分析检测，排除一个故障后如果电路仍不能正常工作，再继续分析检测。

表 2-8　三相笼型异步电动机连续正转控制电路的部分故障现象及检测方法

序号	故障现象	分析原因	检测方法（参考）
1	松开起动按钮后，接触器 KM 线圈失电	接触器自锁无效	在切断电源的前提下，将万用表置于电阻档 $R \times 100$，测试范围（SB1）3-（KM）3-（KM）4-（SB1）4，两表笔放在起动按钮 SB1 两端（即 3 和 4），压合 KM，检测接触器自锁是否有效： 1）若电阻不为零，则该电路有问题，万用表电阻档不变，一个表笔在（SB1）3 不动，另一个表笔采用缩小范围法，从（SB1）4 开始逐点后退，依次判别当前测试值是否正常，直到测试值正常，则移动的表笔本次所在测试点和上次所在测试点之间存在故障，需要使用万用表再次确认这两点之间是否正常（当前测试范围内如存在 KM 的辅助常开触点，则需人为闭合 KM 的辅助常开触点） 2）若电阻为零，则该电路没有故障，需重点检查接触器性能（参考项目 1 任务 4），需注意接触器在通电情况下产生的吸合力和手动压合的力度有可能不同，因此接触器自锁触点的完好性还需仔细检查
2	按下停止按钮后无法实现停止	停止按钮触点无法断开或接线错误	步骤 1：在切断电源的前提下，将停止按钮一根线（2 或 3）临时断开，万用表置于电阻档 $R \times 100$，两表笔放在停止按钮 SB2 两端，按下 SB2： 1）电阻保持接近于零不变，则说明按钮性能不正常，需检修或更换按钮 2）电阻由接近于零变为无穷大，则说明按钮性能正常，进行下一步检测 步骤 2：若在步骤 1 的前提下未发现故障点，对照电路图检查接线，很大可能是将接触器自锁触点并联到了停止按钮和起动按钮的两端，正常情况下应只并联在起动按钮两端（即仔细检查图中的 2-3-4 号线）

2．热继电器与熔断器在三相笼型异步电动机控制中的使用

在照明、电加热等电路中，熔断器 FU 既可以用于短路保护，也可以用于过载保护。但对于三相笼型异步电动机控制电路来说，熔断器只能用于短路保护。这是因为三相笼型异步电动机的起动电流很大（全压起动时的起动电流能达到额定电流的 4～7 倍），若将熔断器用于过载保护，则选择的额定电流就应等于或稍大于电动机的额定电流，这样电动机在起动时，由于起动电流远远大于熔断器的额定电流，会使熔断器在很短的时间内熔断，造成电动机无法起动。所以熔断器只能用于短路保护，熔体的额定电流应取电动机额定电流的 1.5～2.5 倍。

热继电器在三相笼型异步电动机控制电路中只能用于过载保护，不能用于短路保护，这是因为热继电器的热惯性大，即热继电器的主双金属片受热膨胀弯曲需要一定的时间。当电动机发生短路时，由于短路电流很大，热继电器还没来得及动作，供电线路和电源设备可能就已损坏。

 思考题

在同一个控制电路中，如何实现既能点动正转，又能连续正转？

任务 3　点动与连续混合正转控制电路的安装与调试

根据图 2-11 所示电路图完成三相笼型异步电动机点动与连续混合正转控制电路的安装与调试任务，并掌握以下知识技能：

1）点动与连续混合控制的实现方法。

2）三相笼型异步电动机点动与连续混合正转控制电路工作原理的分析方法。

3）三相笼型异步电动机点动与连续混合正转控制电路的安装与调试方法。

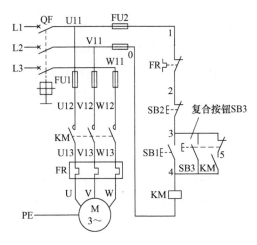

图 2-11　三相笼型异步电动机点动与连续混合正转控制电路图

【任务咨询】

[前提知识]

根据图 2-11 所示的三相笼型异步电动机点动与连续混合正转控制电路图列出本电路所需电气器件清单，见表 2-9（与本项目任务 1 与任务 2 重复部分未列出）。

表 2-9　点动与连续混合正转控制电路相关电气器件清单

序　号	名　称	电气符号	作　用	外　观　图	备　注
1	复合按钮	E-\\-/SB	发出起动/停止指令且具有松手自动复位功能　SB3：常闭触点切断接触器 KM 的自锁；常开触点起动接触器 KM		

[核心知识]

机床设备在正常工作时，一般需要电动机处于连续运转状态。但在试车或调整刀具与工件的相对位置时，又需要电动机能点动控制，实现这种工艺要求的电路即点动与连续混合正转控制电路。

1. 点动与连续混合正转控制电路的工作原理分析

相对于图 2-6，图 2-11 所示电路是通过在起动按钮 SB1 两端并联一个复合按钮 SB3 的常开触点、在 KM 的自锁触点上串联 SB3 的常闭触点来实现点动与连续混合正转控制的，当按下 SB3 时，其常闭触点分断，切断接触器 KM 的自锁电路从而实现点动。点动与连续混合正转控制电路的具体工作原理如下：

1）合上电源开关 QF

2）起动(连续)：按下 SB1→KM 线圈得电┬→KM 主触点闭合→电动机 M 连续运转①
　　　　　　　　　　　　　　　　　　└→KM 辅助常开触点闭合→KM 线圈保持得电(自锁)→①

3）停止：按下SB2━KM线圈失电━KM主触点恢复断开━电动机M失电停转
　　　　　　　　　┗━KM辅助常开触点恢复断开(解除自锁)

4）起动(点动)：按下SB3━SB3常闭触点先断开━切断自锁电路
　　　　　　　　　　┗━SB3常开触点后闭合━KM线圈得电━KM主触点闭合━②
　　　　　　　　　　　　　　　　　　　　　　　┗━KM辅助常开触点闭合

②━电动机M得电运转(点动)

5）停止：松开SB3━SB3常闭触点后恢复闭合━恢复自锁电路
　　　　　　　　┗━SB3常开触点先恢复断开━KM线圈失电━KM主触点恢复断开━③
　　　　　　　　　　　　　　　　　　　　　　　┗━KM辅助常开触点恢复断开

③━电动机M失电停转(点动)

2. 点动与连续混合控制的实现方法

电动机能否实现起动后连续运行的关键在于接触器的起动信号两端是否并联了该接触器的辅助常开触点（即自锁触点），有自锁触点即可实现连续控制，无自锁触点即可实现点动控制。所以要实现点动与连续混合控制，需要在连续正转控制的基础上，将点动控制起动按钮的常闭触点串联在自锁触点一侧（达到切断自锁回路的目的），将点动控制起动按钮的常开触点并联在连续起动信号的两端（达到起动接触器的目的），如图 2-12 所示（未画出其余保护部分电路）。

【任务决策与实施】

1. 工作前准备

1）穿戴好劳动防护用品。

2）清点器件、仪表、电工工具，并摆放整齐。

3）根据图 2-11 所示电路图绘制布置图（见图 2-13）和接线图。

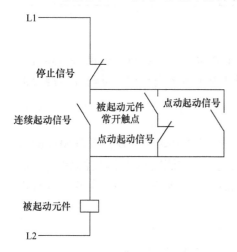

图 2-12　点动与连续混合的实现方法

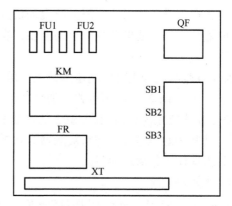

图 2-13　三相笼型异步电动机点动与连续混合正转控制电路布置图

4）写出通电试车调试步骤（即如何操作、接触器如何动作、电动机如何运行）。

2．安装与调试步骤

三相笼型异步电动机点动与连续混合正转控制电路的安装与调试步骤见表 2-10。

表 2-10　三相笼型异步电动机点动与连续混合正转控制电路的安装与调试步骤

序　号	环　节	步　骤	具体执行及需记录内容
1	器件的检测与安装	1-1　根据电路图选择电气器件	根据图 2-11 所示电路图确定所需电气器件：低压断路器（QF）1 个、低压熔断器（FU）5 个、起动按钮（SB1）1 个、停止按钮（SB2）1 个、复合按钮（SB3）1 个、热继电器（FR）1 个和交流接触器（KM）1 个，具体器件作用及外观见表 2-1、表 2-5 和表 2-9
		1-2　检测待用电气器件性能并记录必要的测试值	根据项目 1 任务 1～5 的器件检测方法对已选出的低压断路器（QF）、低压熔断器（FU）、起动按钮（SB1）、停止按钮（SB2）、复合按钮（SB3）、热继电器（FR）和交流接触器（KM）进行检测，确保器件性能正常，并将 KM 的线圈电阻值记入表 2-11 "第一步：器件检查"中，便于后期的电路检测计算
		1-3　将各电气器件的符号贴在对应的器件上	根据图 2-11 所示电路图在贴纸上写好：QF、FU1、FU1、FU1、FU2、FU2、KM、SB1、SB2、SB3、FR，并将写好的贴纸贴到对应的器件上，确保贴号清晰可见且不影响后续操作
		1-4　根据已绘制好的布置图在网孔板上安装需要使用的各电气器件	根据图 2-11 所示电路图绘制好布置图（见图 2-13）并进行器件安装，注意： 1）实际安装位置应与布置图一致 2）器件应安装整齐、牢固 3）安装时避免出现螺钉不正或用力过大，以免损伤器件固定用安装孔
2	控制电路的安装与调试	2-1　根据电路图和接线图，写出控制电路所需线号	根据图 2-11 可写出控制电路所需线号：1、1、2、2、3、3、3、3、4、4、4、4、5、5、0 和 0，注意： 1）为保证后期通电调试，控制电路所需电源经过的电源电路也要在控制电路中写出，因此增加线号：L1、L2、U11、U11、V11 和 V11 2）涉及板内、板外共有线号时需要增加端子排线号，本电路中电源、按钮都属于板外器件，因此与其相关的线号若板内也有时，则需要增加端子排线号：L1、L2、2、4 和 5（注意"3"号相关点全为板外，所以端子排上不需要增加"3"号）
		2-2　根据电路图和接线图，将写好的线号贴到对应器件的对应触点旁	贴号时应注意以下几点： 1）贴号时注意不要贴错触点，如常开触点与常闭触点不要贴错 2）尽量选择统一的方法（如都在触点正上方）进行贴号，这样可尽量减少出错可能，如一个电路中部分贴左侧、部分贴右侧，就可能出现安装中突然分不清所贴线号到底属于哪一对触点的情况 3）贴号时注意所选位置尽量避开安装时可能会被反复碰到的位置，以免线号被碰掉或者影响安装，如贴到螺钉正上方，就会出现影响安装的情况
		2-3　根据电路图和接线图，进行接线	接线原则：所有相同的线号需要用导线连接到一起（导线连接好后使用万用表测量，任意两个同号点之间应为导通状态），还需注意，一般情况下一根导线两端线号一定相同 达到以上原则的接线方法很多，此处建议初学者每次将同一个线号全部接线完后再进行下一个线号的接线，如本电路可按照 L1、U11、1、2、3、4、5、0、V11 和 L2 的顺序进行接线。以"3"为例说明接线方法：首先查看电路图（或者接线图）可以发现一共有 4 个"3"号，分别在 SB1、SB2、SB3 常开触点和 SB3 常闭触点上，因此使用 3 根导线分别将 SB1 和 SB2、SB2 和 SB3 常开触点、SB3 常开触点和 SB3 常闭触点连接（实现 4 个"3"号点的连接），之后即可进行下一个线号的接线
		2-4　结合电路图核对接线	结合图 2-11 所示电路图，对电路中 L1、U11、1、2、3、4、5、0、V11 和 L2 依次进行检查核对，以"3"为例说明检查方法：电路中可以看到一共有 4 个"3"号，分别在 SB1、SB2、SB3 常开触点和 SB3 常闭触点上，检查 4 个接线点是否正确，且 4 个点之间是否已用 3 根导线连接完毕

（续）

序　号	环　节	步　骤	具体执行及需记录内容
2	控制电路的安装与调试	2-5　使用万用表对电路进行基本检测	根据表 2-11"第二步：控制电路检测"对控制电路进行未起动状态检测、KM 连续起动与停止检测、KM 自锁与停止检测、KM 点动起动检测、KM 点动起动应切断自锁检测，并记录相关数据，根据器件检查记录值估算理论值，如理论值与测量值相近（一致），则说明电路基本正常
		2-6　通电试车	将电源的两根相线接到端子排的 L1 和 L2 上，闭合电源开关： 1）按下 SB1，接触器 KM 得电吸合 2）松开 SB1，接触器 KM 保持吸合 3）按下 SB2，接触器 KM 断电释放 4）按下 SB3，接触器 KM 得电吸合 5）松开 SB3，接触器 KM 断电释放 试车完毕后，断开电源开关，从端子排上取下电源的两根相线，注意通电期间不可以直接或间接触碰任何带电体
3	主电路的安装与调试	3-1　根据电路图和接线图，写出主电路所需线号	根据图 2-11 写出主电路所需线号：U11、V11、W11、W11、U12、U12、V12、V12、W12、W12、U13、U13、V13、V13、W13、W13、U、V 和 W，注意： 1）为保证后期通电调试，主电路所需电源经过的电源电路也要在主电路中写出，因此在已有控制电路的电源基础上增加线号：L3 2）设计板内、板外共有线号时需要增加端子排线号，本电路中电源、电动机都属于板外器件，因此安装时与其相关的线号若板内也有，则需要增加端子排线号：L3、U、V 和 W
		3-2　根据电路图和接线图，将写好的线号贴到对应器件的对应触点旁	贴号时的注意事项与本表步骤 2-2 一致
		3-3　根据电路图和接线图，进行接线	接线原则和接线方法与本表步骤 2-3 一致
		3-4　结合电路图核对接线	接线核对方法与本表步骤 2-4 一致
		3-5　使用万用表对电路进行基本检测	根据表 2-11"第三步：主电路检测"对主电路 KM 未压合、压合两种状态进行检测，并记录相关数据，若估算理论值与测量值相近（一致），则说明电路基本正常 作为初学者，可能会出现电源线接错导致电源短路的情况，为防止出现此类情况，建议根据表 2-11"第四步：防短路检测"进行检测
		3-6　通电试车	将电动机定子绕组按电动机自身铭牌要求接成指定形式后，再将 U1、V1 和 W1 分别接入端子排上的 U、V 和 W（根据电动机的额定电流整定好热继电器的整定电流：一般整定电流为被保护电动机额定电流的 0.95～1.05 倍），将电源的 3 根相线接到端子排的 L1、L2 和 L3 上，闭合电源开关： 1）按下 SB1，接触器 KM 得电吸合，电动机得电运转 2）松开 SB1，接触器 KM 保持吸合，电动机保持运转 3）按下 SB2，接触器 KM 断电释放，电动机失电惯性运转一段时间后停止 4）按下 SB3，接触器 KM 得电吸合，电动机得电运转 5）松开 SB3，接触器 KM 断电释放，电动机失电惯性运转一段时间后停止 试车完毕后，断开电源开关，从端子排上取下电源的 3 根相线，注意通电期间不可以直接或间接触碰任何带电体

3．参考检测方法

表 2-11 为三相笼型异步电动机点动与连续混合正转控制电路的参考检测方法，主要包括器件检查、控制电路检测、主电路检测和防短路检测四部分。表 2-11 的控制电路检测仅给出

部分操作方法，剩余部分请参考表 2-3 和表 2-7 自行完善。

　　注意： 整个检查阶段不接入电源、不接入电动机、电源开关已闭合。

表 2-11　三相笼型异步电动机点动与连续混合正转控制电路的参考检测方法

第一步：器件检查				
万用表档位	KM 线圈电阻测量值			
指针式 $R×100$				

第二步：控制电路检测				
万用表档位	指针式 $R×100$			
测试点	万用表两表笔分别放置在控制电路电源线上（如图 2-11 中的 L1 和 L2）			
序号	测试功能	操作方法	理论电阻值	测量电阻值
1	未起动状态检测			
2	KM 连续起动与停止检测			
3	KM1 自锁与停止检测			
4	KM 点动起动检测			
5	KM 点动起动应切断自锁检测	压合 KM，同时轻按 SB3（常闭触点断开，常开触点未闭合状态）		

第三步：主电路检测				
万用表档位	指针式 $R×1$			
序号	操作方法	测试点	理论电阻值	测量电阻值
1	未压合 KM	L1-U		
		L2-V		
		L3-W		
2	压合 KM	L1-U		
		L2-V		
		L3-W		

第四步：防短路检测

以上参考检测方法建立在接线正确的情况下，为保证安全，建议增加防短路检测。在未接入电源、闭合电源开关、未接入电动机的前提下，具体方法如下：

　　1）不压合 KM，L1、L2、L3 三根电源线间两两检测，电阻值都应为无穷大

　　2）压合 KM，L1、L2、L3 三根电源线间两两检测，除 L1-L2 间会测得线圈电阻值以外，测得的另两个电阻值应为无穷大

【任务评价】

　　在完成电路的安装与调试任务以后，请根据附录 A 进行任务评分，并对完成本任务过程中遇到的问题进行总结。

【任务拓展】

　　本任务的电路典型故障及检测方法与任务 1 和任务 2 相同，因此不单独列写。

　　按照图 2-11 进行电路的安装与调试，在通电试车阶段仔细观察会发现，偶尔会出现复合

按钮 SB3 松开之后电动机为连续运转的情况，这是为什么？如何解决？在分析图 2-11 的工作原理时已明确提出，该电路能够实现点动控制靠的就是复合按钮和接触器的触点动作顺序，具体触点动作顺序见表 2-12。

表2-12　触点动作顺序表

序　号	器件名称	动　作	常开触点	常闭触点
1	复合按钮 SB3	按下	后闭合	先断开
		松开	先恢复断开	后恢复闭合
2	接触器 KM	线圈得电	后闭合	先断开
		线圈断电	先恢复断开	后恢复闭合

　　电气器件由于机械结构老化等原因可能导致触点的动作速度不能达到预期效果，这就可能导致在松开按钮 SB3 时接触器自锁触点还未断开而按钮 SB3 的常闭触点已恢复闭合，从而导致接触器 KM 线圈无法断电变成连续控制。

　　现提出一种解决方案，如图 2-14 所示，在连续正转控制电路的基础上，把手动开关 SA 串联在自锁回路中，当 SA 处于闭合（或断开）状态时，按下 SB1 就可以实现连续（或点动）控制。

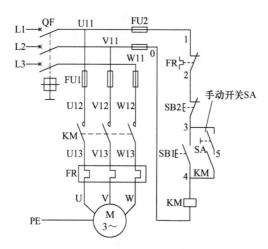

图 2-14　点动与连续混合正转控制电路图

 思考题

在不使用手动开关 SA 的情况下，如何更稳妥地实现点动与连续混合正转控制？

<h1 align="center">习　　题</h1>

　　1．什么是点动控制？

　　2．请分析图 2-15 中四个控制电路能否实现点动控制，若不能，请说明其控制效果，并更正电路。

　　3．简述起动的实现方法。

4. 请按以下控制要求画出控制电路（接触器线圈为 AC380V）：

1）按下 SB1，KM 线圈得电。

2）松开 SB1，KM 线圈失电。

5. 简述"自锁"的实现方法。

6. 简述"停止"的实现方法。

7. 请分析图 2-16 中四个控制电路能否实现自锁控制，若不能，请说明其控制效果，并更正电路。

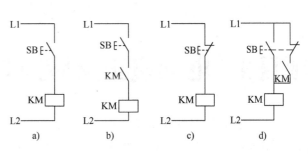

图 2-15 习题 2 图

8. 请说明图 2-6 电路中的短路保护、过载保护、欠电压保护和失电压保护分别由哪些器件来实现？

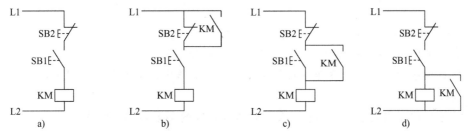

图 2-16 习题 7 图

9. 为什么点动控制电动机不加过载保护？

10. 热继电器和熔断器能否相互代替使用？为什么？

11. 某生产机械由一台三相笼型异步电动机拖动，请按以下控制要求画出控制电路图（接触器线圈为 AC380V）：

1）按下 SB1，电动机起动连续运转。

2）按下 SB2，电动机停止运转。

3）具有必要的短路、过载、欠电压和失电压保护。

12. 请分析图 2-17 中三个控制电路能否实现点动与连续混合正转控制，若不能，请说明其控制效果，并更正电路。

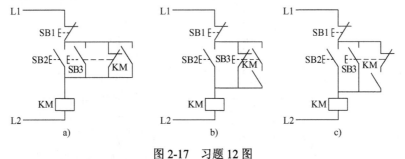

图 2-17 习题 12 图

项目3 电动机正反转控制电路的安装与调试

正转控制电路只能让电动机朝一个方向旋转，带动生产机械的运动部件朝一个方向运动，但在实际生产中，许多机械运动部件都要求能在正、反两个方向运动，即电动机需要实现正反转控制。典型正反转控制电路可按控制效果分为正反转之间不可直接切换的接触器联锁正反转控制电路和正反转之间可以直接切换的双重联锁正反转控制电路两种，本项目主要介绍这两种典型正反转控制电路的安装与调试。

学习目标

通过本项目的学习与训练，应达到以下目标:

1）掌握正反转、接触器联锁以及双重联锁的实现方法。

2）能正确分析三相笼型异步电动机正反转控制电路中接触器联锁、双重联锁两种控制的工作原理。

3）掌握两种三相笼型异步电动机正反转控制电路的安装与调试方法。

任务1 接触器联锁正反转控制电路的安装与调试

根据图 3-1 所示电路图完成三相笼型异步电动机接触器联锁正反转控制电路的安装与调试任务，并掌握以下知识技能:

1）电动机正反控制和接触器联锁的实现方法。

2）三相笼型异步电动机接触器联锁正反转控制电路工作原理的分析方法。

3）三相笼型异步电动机接触器联锁正反转控制电路的安装与调试方法。

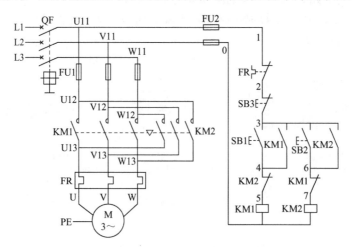

图 3-1　三相笼型异步电动机接触器联锁正反转控制电路图

【任务咨询】

[前提知识]

1. 接触器联锁正反转控制电路所需电气器件

根据图 3-1 所示三相笼型异步电动机接触器联锁正反转控制电路图列出本电路所需电气器件清单，见表 3-1。

表 3-1　接触器联锁正反转控制电路相关电气器件清单

序　号	名　　称	电气符号	作　　用	外　观　图	备　注
1	低压断路器（俗称空气开关）	QF	控制电源通断，且具有欠电压、失电压、过载和短路保护的作用 QF：控制电路电源的通断		
2	低压熔断器	FU	一般串联在被保护电路中，主要用于短路保护和过载保护 FU1：保护主电路 FU2：保护控制电路		
3	起动按钮	SB	发出起动指令且具有松手自动复位功能 SB1：起动接触器 KM1 SB2：起动接触器 KM2		
4	停止按钮	SB	发出停止指令且具有松手自动复位功能 SB3：停止接触器 KM1 和 KM2		
5	交流接触器	KM　KM 常开触点 (带灭弧装置)(不带灭弧装置) KM　KM 常闭触点　线圈	具有低压释放的保护功能，适用于频繁操作和远距离自动控制 KM1：控制电动机的正转运行 KM2：控制电动机的反转运行		
6	热继电器	FR　FR	具有过载保护、断相保护、电流不平衡保护等功能 FR：对电动机进行过载保护		
7	三相笼型异步电动机	M 3~	M：带动生产机械的运动部件朝某个方向旋转和运动		

2．三相笼型异步电动机正反转实现方法

当改变通入电动机定子绕组的三相电源相序（即把接入电动机三相电源进线中的任意两相对调接线）时，电动机就可以反转，也可总结为三相电源在接入电动机时"一相不变、两相对换"。例如，在图 3-1 中，当 KM1 主触点闭合时，电源与定子绕组的连接方式为 L1-U、L2-V、L3-W，电动机视为正转；当 KM2 主触点闭合时，电源与定子绕组的连接方式换成 L1-W、L2-V、L3-U，此时电动机反转。电动机实现正反转的电源换相方法主要有三种，除图 3-1 的换相方法以外，另外两种如图 3-2 所示。

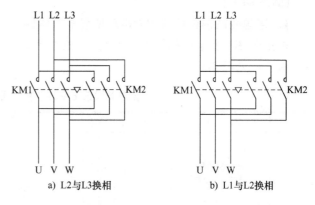

a) L2与L3换相　　　b) L1与L2换相

图 3-2　三相笼型异步电动机实现正反转的电源换相方法

3．倒顺开关正反转控制电路

倒顺开关正反转控制电路通过倒顺开关 QS 控制电源相序对调以实现正反转控制。图 3-3 所示为倒顺开关实物图，图 3-4 所示为倒顺开关正反转控制电路图，该电路由三相电源 L1、L2、L3，熔断器 FU，倒顺开关 QS 和三相交流异步电动机 M 构成。当倒顺开关 QS 手柄处于"停"位置时，QS 的动、静触点不接触，电路不通，电动机不转动；当手柄处于"顺"位置时，QS 的动触点和左边的静触点相接触，电路按 L1-U、L2-V、L3-W 接通，输入电动机定子绕组的电源相序为 L1-L2-L3，电动机正转；当手柄处于"倒"位置时，QS 的动触点和右边的静触点相接触，电路按 L1-W、L2-V、L3-U 接通，输入电动机定子绕组的电源相序变为 L3-L2-L1，电动机反转。倒顺开关正反转控制电路的优点是使用电器较少，电路比较简单；缺点是需手动控制电路，在频繁换向时，操作人员劳动强度大、操作安全性差，适用于控制额定电流为 10A、功率为 3kW 及以下的小容量电动机。

图 3-3　倒顺开关实物图

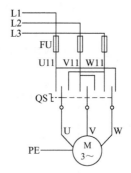

图 3-4　倒顺开关正反转控制电路图

[核心知识]

图 3-5 所示为 Z37 型摇臂钻床结构及摇臂升降局部控制电路图，当工件与钻头的相对高度不合适时，操作人员需要通过十字开关来调整摇臂升高或降低，摇臂的升降控制分别通过

接触器 KM2 和 KM3 实现，但摇臂的上升与下降不可能同时进行，为防止上升与下降控制同时得电，在两个接触器线圈回路串联对方的辅助常闭触点，这样一旦其中的一个接触器得电，其辅助常闭触点就会断开，从而切断另一个接触器可能得电的回路，达到两个接触器不能同时得电的目的。

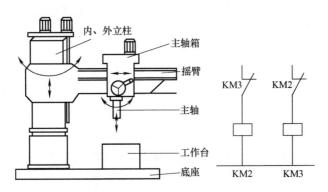

图 3-5　Z37 型摇臂钻床结构及摇臂升降局部控制电路图

当一个接触器得电动作时，通过其辅助常闭触点使另一个接触器不能得电动作，接触器之间这种互相制约的作用叫作接触器联锁（或互锁）。实现联锁作用的辅助常闭触点称为联锁触点（或互锁触点），联锁用符号"▽"表示。

1．接触器正反转控制电路的工作原理分析

由图 3-1 所示电路可以看出，三相交流电源 L1、L2、L3 与低压断路器 QF 组成电源电路；熔断器 FU1，接触器 KM1、KM2 的主触点、热继电器 FR 热元件和三相笼型异步电动机 M 构成主电路；熔断器 FU2，热继电器 FR 常闭触点，停止按钮 SB3，起动按钮 SB1、SB2 和接触器 KM1、KM2 的线圈等组成用于控制主电路工作状态的控制电路。低压断路器 QF 作为电源隔离开关，熔断器 FU1 和 FU2 分别对主电路和控制电路进行保护，热继电器 FR 对电动机进行过载保护，主电路中 KM1 与 KM2 两个接触器所接通的电源相序是不同的，相对于电动机定子绕组 U-V-W，KM1 接通的电源相序为 L1-L2-L3，KM2 接通的电源相序为 L3-L2-L1，因此 KM1 和 KM2 分别用来控制电动机实现正反转。接触器联锁正反转控制电路的具体工作原理如下：

1）合上电源开关QF

2）正转起动控制：按下SB1 → KM1线圈得电 ┬→ 与KM2联锁的KM1辅助常闭触点先断开
　　　　　　　　　　　　　　　　　　　├→ KM1主触点后闭合 → 电动机M起动连续正转
　　　　　　　　　　　　　　　　　　　└→ KM1自锁触点后闭合

3）正转停止控制：按下SB3 → KM1线圈失电 ┬→ KM1主触点先恢复断开 → 电动机M停止正转
　　　　　　　　　　　　　　　　　　　├→ KM1自锁触点先恢复断开
　　　　　　　　　　　　　　　　　　　└→ 与KM2联锁的KM1辅助常闭触点后恢复闭合

4）反转起动控制：按下SB2 → KM2线圈得电 ┬→ 与KM1联锁的KM2辅助常闭触点先断开
　　　　　　　　　　　　　　　　　　　├→ KM2主触点后闭合 → 电动机M起动连续反转
　　　　　　　　　　　　　　　　　　　└→ KM2自锁触点后闭合

5）反转停止控制：按下SB3 → KM2线圈失电 ┬→ KM2主触点先恢复断开 → 电动机M停止反转
　　　　　　　　　　　　　　　　　　　├→ KM2自锁触点先恢复断开
　　　　　　　　　　　　　　　　　　　└→ 与KM1联锁的KM2辅助常闭触点后恢复闭合

2．接触器联锁的实现方法

在图 3-1 所示电路中，为了表示两个接触器 KM1 和 KM2 不能同时得电（会造成 L1 和 L3 两相电源的短路事故），在主电路上，用"-▽-"符号将 KM1 与 KM2 的主触点连接起来；在控制电路上，KM1 和 KM2 线圈上方分别串联对方的辅助常闭触点。所以要实现联锁，就是将相互联锁的接触器，在主电路两组主触头之间用"▽"虚线连接，在控制电路中接触器线圈上方串接对方接触器的一对常闭触头。（见图 3-6，未画出其余保护、控制部分电路）。

【任务决策与实施】

1．工作前准备

1）穿戴好劳动防护用品。

2）清点器件、仪表、电工工具，并摆放整齐。

3）根据图 3-1 所示电路图绘制布置图（见图 3-7）和接线图。

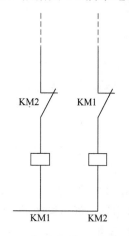 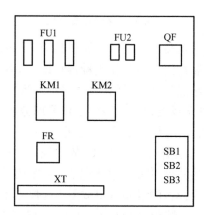

图 3-6　接触器联锁的实现方法　　图 3-7　三相笼型异步电动机接触器联锁正反转控制电路布置图

4）写出通电试车调试步骤（即如何操作、接触器如何动作、电动机如何运行）。

2．安装与调试步骤

三相笼型异步电动机接触器联锁正反转控制电路的安装与调试步骤见表 3-2。

表 3-2　三相笼型异步电动机接触器联锁正反转控制电路的安装与调试步骤

序号	环节	步骤	具体执行及需记录内容
1	器件的检测与安装	1-1　根据电路图选择电气器件	根据图 3-1 所示电路图确定所需电气器件：低压断路器（QF）1 个、低压熔断器（FU）5 个、起动按钮（SB1、SB2）2 个、停止按钮（SB3）1 个、热继电器（FR）1 个和交流接触器（KM1、KM2）2 个，具体器件作用及外观见表 3-1
		1-2　检测待用电气器件性能并记录必要的测试值	根据项目 1 任务 1~5 的器件检测方法对已选出的低压断路器（QF）、低压熔断器（FU）、起动按钮（SB1、SB2）、停止按钮（SB3）、热继电器（FR）和交流接触器（KM1、KM2）进行检测，确保器件性能正常，并将 KM1 和 KM2 的线圈电阻值记入表 3-3"第一步：器件检查"中，便于后期的电路检测计算
		1-3　将各电气器件的符号贴在对应的器件上	根据图 3-1 所示电路图在贴纸上写好：QF、FU1、FU1、FU1、FU2、FU2、SB1、SB2、SB3、FR、KM1、KM2，并将写好的贴纸贴到对应的器件上，确保贴号清晰可见且不影响后续操作

（续）

序号	环节	步骤	具体执行及需记录内容
1	器件的检测与安装	1-4　根据已绘制好的布置图在网孔板上安装需要使用的各电气器件	根据图 3-1 所示电路图绘制好布置图（见图 3-7）并进行器件安装，注意： 1）实际安装位置应与布置图一致 2）器件应安装整齐、牢固 3）安装时避免出现螺钉不正或用力过大，以免损伤器件固定用安装孔
2	控制电路的安装与调试	2-1　根据电路图和接线图，写出控制电路所需线号	根据图 3-1 可写出控制电路所需线号：1、1、2、2、3、3、3、3、3、4、4、4、5、5、6、6、6、7、7、0、0 和 0，注意： 1）为保证后期通电调试，控制电路所需电源经过的电源电路也要在控制电路中写出，因此增加线号：L1、L2、U11、U11、V11 和 V11 2）涉及板内、板外共有线号时需要增加端子排线号，本电路中电源、按钮都属于板外设备，因此与其相关的线号若板内也有时，则需要增加端子排线号：L1、L2、2、3、4 和 6
		2-2　根据电路图和接线图，将写好的线号贴到对应器件的对应触点旁	贴号时应注意以下几点： 1）贴号时注意不要贴错触点，如常开触点与常闭触点不要贴错 2）尽量选择统一的方法（如都在触点正上方）进行贴号，这样可尽量减少出错可能，如一个电路中部分贴左侧、部分贴右侧，就可能出现安装中突然分不清所贴线号到底属于哪一对触点的情况 3）贴号时注意所选位置尽量避开安装时可能会被反复碰到的位置，以免线号被碰掉或者影响安装，如贴到螺钉正上方，就会出现影响安装的情况
		2-3　根据电路图和接线图，进行接线	接线原则：所有相同的线号需要用导线连接到一起（导线连接好后使用万用表测量，任意两个同号点之间应为导通状态），还需注意，一般情况下一根导线两端线号一定相同 达到以上原则的接线方法很多，此处建议初学者每次将同一个线号全部接线完再进行下一个线号的接线，如本电路可按照 L1、U11、1、2、3、4、5、6、7、0、V11 和 L2 的顺序进行接线。以"3"为例说明接线方法：首先看电路图（或者接线图）可以发现一共有 6 个"3"号，分别在 SB3、SB1、SB2、KM1 辅助常开触点、KM2 辅助常开触点和 XT 上，板内、板外需要连接时应经过端子排，因此使用两根导线将板内的 KM1 辅助常开触点、KM2 辅助常开触点和 XT 串联到一起，再使 3 根导线将 XT、SB3、SB1 和 SB2 串联到一起（实现 6 个"3"号点的连接），之后即可进行下一个线号的接线
		2-4　结合电路图核对接线	结合图 3-1 所示电路图，对电路中 L1、U11、1、2、3、4、5、6、7、0、V11 和 L2 依次进行检查核对。以"3"为例说明检查方法：电路中可以看到一共有 6 个"3"号，分别在 SB3、SB1、SB2、KM1 辅助常开触点、KM2 辅助常开触点和 XT 上，检查 6 个接线点是否正确，且 6 个点之间是否已用 5 根导线连接完毕
		2-5　使用万用表对电路进行基本检测	根据表 3-3"第二步：控制电路检测"对控制电路进行未起动状态检测，KM1 起动、停止、自锁检测，KM2 起动、停止、自锁检测和 KM1 与 KM2 联锁检测，并记录相关数据，根据器件检查记录值估算理论值，若理论值与测量值相近（一致），则说明电路基本正常
		2-6　通电试车	将电源的两根相线接到端子排的 L1 和 L2 上，闭合电源开关： 1）按下 SB1，接触器 KM1 得电吸合 2）按下 SB3，接触器 KM1 断电释放 3）按下 SB2，接触器 KM2 得电吸合 4）按下 SB3，接触器 KM2 断电释放 试车完毕后，断开电源开关，从端子排上取下电源的两根相线，注意通电期间不可以直接或间接触碰任何带电体

（续）

序　号	环　节	步　骤	具体执行及需记录内容
3	主电路的安装与调试	3-1　根据电路图和接线图，写出主电路所需线号	根据图 3-1 写出主电路所需线号：U11、V11、W11、W11、U12、U12、U12、V12、V12、V12、W12、W12、W12、U13、U13、U13、V13、V13、V13、W13、W13、W13、U、V 和 W，注意： 1）为保证后期通电调试，主电路所需电源经过的电源电路也要在主电路中写出，因此在已有控制电路的电源基础上增加线号：L3 2）设计板内、板外共有线号时需要增加端子排线号，本电路中电源、电动机都属于板外器件，因此安装时与其相关的线号若板内也有，则需要增加端子排线号：L3、U、V 和 W
		3-2　根据电路图和接线图，将写好的线号贴到对应器件的对应触点旁	贴号时的注意事项与本表步骤 2-2 一致
		3-3　根据电路图和接线图，进行接线	接线原则和接线方法与本表步骤 2-3 一致
		3-4　结合电路图核对接线	接线核对方法与本表步骤 2-4 一致
		3-5　使用万用表对电路进行基本检测	根据表 3-3 "第三步：主电路检测" 对主电路 KM1 和 KM2 未压合、压合四种状态进行检测，并记录相关数据，若估算理论值与测量值相近（一致），则说明电路基本正常 作为初学者，可能会出现电源线接错导致电源短路的情况，为防止出现此类情况，建议根据表 3-3 "第四步：防短路检测" 进行检测
		3-6　通电试车	将电动机定子绕组按电动机自身铭牌要求接成指定形式后，再将 U1、V1 和 W1 分别接入端子排上的 U、V 和 W（根据电动机的额定电流整定好热继电器的整定电流：一般整定电流为被保护电动机额定电流的 0.95～1.05 倍），将电源的三根相线接到端子排的 L1、L2 和 L3 上，闭合电源开关： 1）按下 SB1，接触器 KM1 得电吸合，电动机连续正转运行 2）按下 SB3，接触器 KM1 断电释放，电动机失电惯性正转一段时间后停止 3）按下 SB2，接触器 KM2 得电吸合，电动机连续反转运行 4）按下 SB3，接触器 KM2 断电释放，电动机失电惯性反转一段时间后停止 试车完毕后，断开电源开关，从端子排上取下电源的三根相线，注意通电期间不可以直接或间接触碰任何带电体

3. 参考检测方法

表 3-3 为三相笼型异步电动机接触器联锁正反转控制电路的参考检测方法，主要包括器件检查、控制电路检测、主电路检测和防短路检测四部分。其中，器件检查阶段记录的线圈电阻值是为了后期推算理论值，以便判断测量值是否正确；控制电路检测主要检测起停功能是否正常，先根据器件检查阶段的测量值计算理论值，再将测量值与理论值对比，如基本一致则说明电路正常，如差别较大则需检查电路；主电路检测主要检测接触器主触点闭合时相关电路应处于接通状态。

注意：整个检查阶段不接入电源、不接入电动机、电源开关已闭合。

表 3-3　三相笼型异步电动机接触器联锁正反转控制电路的参考检测方法

第一步：器件检查		
万用表档位	KM1 线圈电阻测量值	KM2 线圈电阻测量值
指针式 $R×100$		

第二步：控制电路检测				
万用表档位	指针式 $R×100$			
测试点	万用表两表笔分别放置在控制电路电源线上（如图 3-1 中的 L1 和 L2）			
序号	测试功能	操作方法	理论电阻值	测量电阻值
1	未起动状态检测	无须操作		
2	KM1 起动与停止检测	按下起动按钮 SB1		
		同时按下起动按钮 SB1 和停止按钮 SB3		
3	KM1 自锁与停止检测	压合 KM1		
		压合 KM1，同时按下停止按钮 SB3		
4	KM2 起动与停止检测	按下起动按钮 SB2		
		同时按下起动按钮 SB2 和停止按钮 SB3		
5	KM2 自锁与停止检测	压合 KM2		
		压合 KM2，同时按下停止按钮 SB3		
6	KM1 与 KM2 联锁检测	同时压合 KM1 和 KM2		

第三步：主电路检测				
万用表档位	指针式 $R×1$			
序号	操作方法	测试点	理论电阻值	测量电阻值
1	未压合 KM1	L1-U		
		L2-V		
		L3-W		
2	压合 KM1	L1-U		
		L2-V		
		L3-W		
3	未压合 KM2	L1-W		
		L2-V		
		L3-U		
4	压合 KM2	L1-W		
		L2-V		
		L3-U		

第四步：防短路检测

　　以上参考检测方法建立在接线正确的情况下，为保证安全，建议增加防短路检测。在未接入电源、闭合电源开关、未接入电动机的前提下，具体方法如下：

　　1）不压合 KM1 和 KM2，L1、L2、L3 三根电源线间两两检测，电阻值都应为无穷大

　　2）压合 KM1 或 KM2，L1、L2、L3 三根电源线间两两检测，除 L1-L2 间会测得线圈电阻值以外，测得的另两个电阻值应为无穷大

【任务评价】

在完成电路的安装与调试任务以后，请根据附录 A 进行任务评分，并对完成本任务过程中遇到的问题进行总结。

【任务拓展】

三相笼型异步电动机接触器联锁正反转控制电路进行了电路基本检测后再上电也可能会出现不能正常工作的情况。另外，在电路长时间工作后，电路中的导线、器件都可能发生故障，从而导致电路无法正常工作，因此表 3-4 列出了该电路的部分故障现象及检测方法。常用的电路检测方法有电压测量法和电阻测量法两种，表 3-4 主要采用万用表电阻测量法进行电路检测，另外检修电路时无论电路有多少故障，都建议先按一个电路故障进行分析检测，排除一个故障后如果电路仍不能正常工作，再继续分析检测。

表 3-4 接触器联锁正反转控制电路的部分故障现象及检测方法

序号	故障现象	分析原因	检测方法（参考）
1	按下起动按钮 SB1 或 SB2，接触器 KM1 和 KM2 都不吸合	接触器线圈未得电	步骤 1：电路接入电源的情况下，用万用表交流电压档检测控制电路接入电源是否正常： 1）电源不正常则检查电源 2）电源正常的情况下，进行下一步检查 步骤 2：断开电源，用万用表电阻档 R×100 检查控制电路在按下起动按钮 SB1（SB2）后是否接通，测试电阻值应为接触器 KM1（KM2）的线圈电阻值 步骤 3：保持万用表电阻档 R×100 不变，正反转都无效的情况下，先从正反转控制电路的公共部分进行检测，测试范围为 L1-U11-1-2-3 和 0-V11-L2，针对 L1-U11-1-2-3 此范围，一个表笔在 L1 不动，另一个表笔采用缩小范围法，从 SB3 的 3 号开始逐点后退，依次判别当前测试值是否正常，直到测试值正常，则移动的表笔本次所在测试点和上次所在测试点之间存在问题，需要使用万用表再次确认这两点之间是否正常。若 L1-U11-1-2-3 范围内没有问题，再按此方法检测 0-V11-L2，若也未发现问题，则需要分别检测正转与反转控制电路
2	接触器吸合后，电动机不运转或运转不正常	主电路未正确接入三相电源	步骤 1：将电动机从电路中移除后，按下起动按钮 SB1 或 SB2，用万用表交流电压档测试需要接入电动机的三个点（端子排上的），检测每两点间的电源是否正常： 1）电源正常的情况下，检查电动机是否完好 2）电源不正常的情况下，根据测试结果确定是哪一点电源不正常，进行下一步检查 步骤 2：根据前面的测试结果分析电源不正常的部分（如 U-W 间电压正常，V-U、V-W 两组不正常，则说明是 V 相出了问题，即范围为 L2-V11-V12-V13-V），切断电源，手动压合接触器 KM1 或 KM2，使用万用表电阻档 R×1 测量电源不正常部分电路，采用故障现象 1 步骤 3 的方法进行问题点检测
3	松开起动按钮 SB1 后，接触器 KM1 线圈失电	接触器 KM1 自锁无效	步骤 1：在切断电源的前提下，万用表置于电阻档 R×100，两表笔放置在起动按钮 SB1 两端，压合 KM1，检测接触器自锁是否有效，若电阻不为零，则保持万用表电阻档 R×100 不变，测试范围为（SB1）3-（KM1）3-（KM1）4-（SB1）4，一个表笔不动，另一个表笔采用缩小范围法，逐点后退，测试范围内若有接触器自锁触点，则需手动压合接触器自锁触点再读值，若电路电阻由无穷大变为正常，则移动的表笔此次和上次所点之间存在问题 步骤 2：若在步骤 1 的前提下未发现故障点，则需重点检查接触器性能，需注意接触器在通电情况下产生的吸合力和手动压合的力度有可能不同，因此接触器自锁触点完好性需仔细检查

思考题

如何修改接触器联锁正反转控制电路，使电路克服正反转切换操作不便的缺点？

任务2　双重联锁正反转控制电路的安装与调试

根据图 3-8 所示电路图完成三相笼型异步电动机双重联锁正反转控制电路的安装与调试任务，并掌握以下知识技能：

1）双重联锁的实现方法。

2）三相笼型异步电动机双重联锁正反转控制电路工作原理的分析方法。

3）三相笼型异步电动机双重联锁正反转控制电路的安装与调试方法。

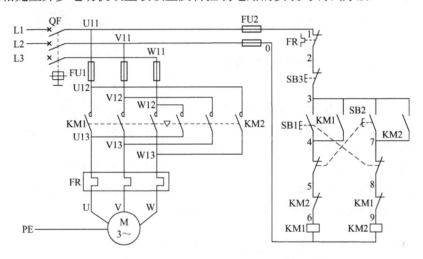

图 3-8　三相笼型异步电动机双重联锁正反转控制电路图

【任务咨询】

[前提知识]

1. 双重联锁正反转控制电路所需电气器件

根据图 3-8 所示三相笼型异步电动机双重联锁正反转控制电路图列出本电路所需电气器件清单，见表 3-5（与本项目任务 1 重复部分未列出）。

表 3-5　双重联锁正反转控制电路相关电器元件清单

序　号	名　称	电气符号	作　用	外　观　图	备　注
1	复合按钮	E—\ ／— SB	发出起动/停止指令且具有松手自动复位功能 SB1：常闭触点切断 KM2，常开触点起动 KM1 SB2：常闭触点切断 KM1，常开触点起动 KM2		

2. 接触器联锁正反转控制电路

接触器联锁正反转控制的实现方法可以总结为：在主电路中，KM1 主触点保持原有相序，KM2 主触点对调两相相序，并用"-▽--"连接表示；在控制电路中，在接触器线圈上方串联对方的一对辅助常闭触点，避免两个接触器同时得电。在图 3-1 所示接触器联锁正反转控制电路中，电动机从正转变为反转时，必须先按下停止按钮，再按下反转起动按钮，否则由于接触器的联锁作用，不能实现反转。此电路工作安全可靠，但操作不便。

[核心知识]

图 3-9 所示为 Z3050 型摇臂钻床实物外观图，它不再使用十字开关进行相关操作。其摇臂的上升和下降通过起动按钮相互切换。Z3050 型摇臂钻床的摇臂升降电动机采用双重联锁正反转控制电路进行控制。

1. 双重联锁正反转控制电路的工作原理分析

双重联锁正反转控制电路包含按钮联锁和接触器联锁，将图 3-1 接触器联锁正反转控制电路图中的正转起动按钮 SB1 和反转起动按钮 SB2 换成两个复合按钮，并将两个复合

图 3-9　Z3050 型摇臂钻床实物外观图

按钮的常闭触点串联在对方接触器线圈的上方，就构成了图 3-8 所示的双重联锁正反转控制电路。双重联锁正反转控制电路的具体工作原理如下：

1）合上电源开关QF

2）正转控制：按下SB1 ┬─ SB1常闭触点先断开，切断反转控制电路(实现联锁)
　　　　　　　　　　 └─ SB1常开触点后闭合 ──► KM1线圈得电 ──► ①

① ┬─ KM1自锁触点后闭合自锁 ──► 电动机M起动连续正转
　 ├─ KM1主触点后闭合 ─────┘
　 └─ KM1联锁触点先断开，切断反转控制电路(实现联锁)

3）反转控制：按下SB2 ┬─ SB2常闭触点先断开 ──► KM1线圈失电 ──► ②
　　　　　　　　　　 └─ SB2常开触点后闭合 ──► ③

② ┬─ KM1自锁触点先恢复断开 ──► 电动机M失电停止正转
　 ├─ KM1主触点先恢复断开 ──┘
　 └─ KM1联锁触点后恢复闭合 ──► KM2线圈得电 ──► ④
　 ③ ─────────────────────────┘

④ ┬─ KM2自锁触点后闭合自锁 ──► 电动机M起动连续反转
　 ├─ KM2主触点后闭合 ─────┘
　 └─ KM2联锁触点先断开，切断正转控制电路(实现联锁)

4）停止：按下SB3，整个控制电路失电，接触器主触点断开，电动机M失电停转

2. 双重联锁的实现方法

双重联锁的实现可以分两步：第一步，接触器联锁——将相互联锁的接触器，在主电路用"-▽--"连接，在控制电路中接触器的线圈上方分别串接对方接触器的一对辅助常闭触点；

第二步,按钮联锁——将正反转起动信号的常闭触点串接在对方接触器线圈的上方,如图3-10所示。

【任务决策与实施】

1. 工作前准备

1）穿戴好劳动防护用品。

2）清点器件、仪表、电工工具,并摆放整齐。

3）根据图3-8所示电路图绘制布置图（见图3-11）和接线图。

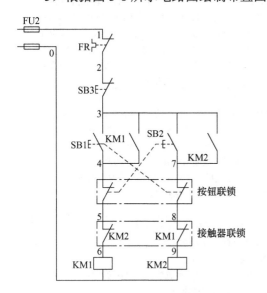

图3-10 双重联锁的实现方法

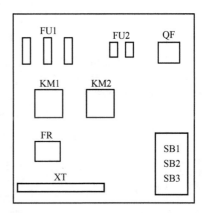

图3-11 三相笼型异步电动机双重联锁正反转控制电路布置图

4）写出通电试车调试步骤（即如何操作、接触器如何动作、电动机如何运行）。

2. 安装与调试步骤

三相笼型异步电动机双重联锁正反转控制电路的安装与调试步骤见表3-6。

表3-6 三相笼型异步电动机双重联锁正反转控制电路的安装与调试步骤

序号	环节	步骤	具体执行及需记录内容
1	器件的检测与安装	1-1 根据电路图选择电气器件	根据图3-8所示电路图确定所需电气器件:低压断路器（QF）1个、低压熔断器（FU）5个、复合按钮（SB1、SB2）2个、停止按钮（SB3）1个、热继电器（FR）1个和交流接触器（KM1、KM2）2个,具体器件作用及外观见表3-1和表3-5
		1-2 检测待用电气器件性能并记录必要的测试值	根据项目1任务1～5的器件检测方法对已选出的低压断路器（QF）、低压熔断器（FU）、复合按钮（SB1、SB2）、停止按钮（SB3）、热继电器（FR）和交流接触器（KM1、KM2）进行检测,确保器件性能正常,并记录KM1和KM2的线圈电阻值,便于后期的电路检测计算
		1-3 将各电气器件的符号贴在对应的器件上	根据图3-8所示电路图在贴纸上写好:QF、FU1、FU1、FU1、FU2、FU2、SB1、SB2、SB3、FR、KM1、KM2,并将写好的贴纸贴到对应的器件上,确保贴号清晰可见且不影响后续操作

継电控制系統分析与装調

（续）

序号	环节	步骤	具体执行及需记录内容
1	器件的检测与安装	1-4 根据已绘制好的布置图在网孔板上安装需要使用的各电气器件	根据图 3-8 所示电路图绘制好布置图（见图 3-11）进行器件安装，注意： 1）实际安装位置应与布置图一致 2）器件应安装整齐、牢固（器件固定用安装孔应全部安装，至少也需要保证对角安装） 3）安装时避免出现螺钉不正或用力过大，以免损伤器件固定用安装孔
2	控制电路的安装与调试	2-1 根据电路图和接线图，写出控制电路所需线号	根据图 3-8 可写出控制电路所需线号：1、1、2、2、3、3、3、3、4、4、5、5、6、6、7、7、7、8、8、9、9、0、0 和 0，注意： 1）为保证后期通电调试，控制电路所需电源经过的电源电路也要在控制电路中写出，因此增加线号：L1、L2、U11、U11、V11 和 V11 2）涉及板内、板外共有线号时需要增加端子排线号，本电路中电源、按钮都属于板外设备，因此与其相关的线号若板内也有时，则需要增加端子排线号：L1、L2、2、3、4、5、7 和 8
		2-2 根据电路图和接线图，将写好的线号贴到对应器件的对应触点旁	贴号时注意以下几点： 1）贴号时注意不要贴错触点，如常开触点与常闭触点不要贴错 2）尽量选择统一的方法（如都在触点正上方）进行贴号，这样可尽量减少出错可能，如一个电路中部分贴左侧、部分贴右侧，就可能出现安装中突然分不清所贴线号到底属于哪一对触点的情况 3）贴号时注意所选位置尽量避免安装时可能会被反复碰到的位置，以免线号被碰掉或者影响安装，如贴到螺钉正上方，就会出现影响安装的情况
		2-3 根据电路图和接线图，进行接线	接线原则：所有相同的线号需要用导线连接到一起（导线接好后使用万用表测量，任意两个同号点之间应为导通状态），还需注意，一般情况下一根导线两端线号一定相同 达到以上原则的接线方法很多，此处建议初学者每次将同一个线号全部接线完再进行下一个线号的接线
		2-4 结合电路图核对接线	结合图 3-8 所示电路图，对电路中 L1、U11、1、2、3、4、5、6、7、8、9、0、V11 和 L2 依次进行检查核对（方法同表 3-2 中步骤 2-4）
		2-5 使用万用表对电路进行基本检测	结合表 3-3 "第二步：控制电路检测"对控制电路进行未起动状态检测，KM1 起动、停止、自锁检测，KM2 起动、停止、自锁检测，KM1 与 KM2 联锁检测和表 3-7 的按钮联锁检测，并记录相关数据，根据器件检查记录值估算理论值，若理论值与测量值相近（一致），则说明电路基本正常
		2-6 通电试车	将电源的两根相线接到端子排的 L1 和 L2 上，闭合电源开关： 1）按下 SB1，接触器 KM1 得电吸合 2）按下 SB2，接触器 KM1 断电释放、接触器 KM2 得电吸合 3）按下 SB1，接触器 KM2 断电释放、接触器 KM1 得电吸合 4）按下 SB3，接触器 KM1 断电释放 试车完毕后，断开电源开关，从端子排上取下电源的两根相线，注意通电期间不可以直接或间接触碰任何带电体
3	主电路的安装与调试	3-1 根据电路图和接线图，写出主电路所需线号	根据图 3-8 可写出主电路所需线号：U11、V11、W11、W11、U12、U12、U12、V12、V12、V12、W12、W12、W12、U13、U13、U13、V13、V13、V13、W13、W13、W13、U、V 和 W，注意： 1）为保证后期通电调试，主电路所需电源经过的电源电路也要在主电路中写出，因此在已有控制电路的电源基础上增加线号：L3 2）设计板内、板外共有线号时需要增加端子排线号，本电路中电源、电动机都属于板外器件，因此安装时与其相关的线号若板内也有，则需要增加端子排线号：L3、U、V 和 W

（续）

序号	环　节	步　骤	具体执行及需记录内容
3	主电路的安装与调试	3-2　根据电路图和接线图，将写好的线号贴到对应器件的对应触点旁	贴号时的注意事项与本表步骤 2-2 一致
		3-3　根据电路图和接线图，进行接线	接线原则和接线方法与本表步骤 2-3 一致
		3-4　结合电路图核对接线	接线核对方法与本表步骤 2-4 一致
		3-5　使用万用表对电路进行基本检测	根据表 3-3"第三步：主电路检测"对主电路 KM1 和 KM2 未压合、压合两种状态进行检测，并记录相关数据，若估算理论值与测量值相近（一致），则说明电路基本正常 作为初学者，可能会出现电源线接错导致电源短路的情况，为防止出现此类情况，建议根据表 3-3"第四步：防短路检测"进行检测
		3-6　通电试车	将电动机定子绕组按电动机自身铭牌要求接成指定形式后，再将 U1、V1 和 W1 分别接入端子排上的 U、V 和 W（根据电动机的额定电流整定好热继电器的整定电流：一般整定电流为被保护电动机额定电流的 0.95～1.05 倍），将电源的三根相线接到端子排的 L1、L2 和 L3 上，闭合电源开关： 1）按下 SB1，接触器 KM1 得电吸合，电动机连续正转运行 2）按下 SB2，接触器 KM1 断电释放、接触器 KM2 得电吸合，电动机切换为连续反转运行 3）按下 SB1，接触器 KM2 断电释放、接触器 KM1 得电吸合，电动机切换为连续正转运行 4）按下 SB3，接触器 KM1 断电释放，电动机失电惯性正转一段时间后停止 试车完毕后，断开电源开关，从端子排上取下电源的三根相线，注意通电期间不可以直接或间接触碰任何带电体

3．参考检测方法

相对于任务 1 中表 3-3 所示参考检测方法，本电路需另外检查按钮联锁是否有效，见表 3-7，其他部分参见表 3-3。

表 3-7　三相笼型异步电动机双重联锁正反转控制电路的参考检测方法

第二步：控制电路检测				
万用表档位	指针式 $R×100$			
测试点	万用表两表笔分别放置在控制电路电源线上（如图 3-8 中的 L1 和 L2）			
序号	测试功能	操作方法	理论电阻值	测量电阻值
1	按钮联锁检测	同时按下 SB1 和 SB2		

【任务评价】

在完成电路的安装与调试任务以后，请根据附录 A 进行任务评分，并对完成本任务过程中遇到的问题进行总结。

【任务拓展】

三相笼型异步电动机双重联锁正反转控制电路进行了电路基本检测后再上电也可能会出现不能正常工作的情况。另外，在电路长时间工作后，电路中的导线、器件都可能发生故障，从而导致电路无法正常工作。本任务相对于任务 1 新增典型故障（见表 3-8），对于任务 1 中已分析的典型故障不再进行分析。常用的电路检测方法有电压测量法和电阻测量法两种，本表采用万用表电阻测量法进行电路检测，另外检修电路时无论电路有多少故障，都建议先按一个电路故障进行分析检测，排除一个故障后如果电路仍不能正常工作，再继续分析检测。

表 3-8　双重联锁正反转控制电路的故障现象及检测方法

序号	故障现象	分析原因	检测方法（参考）
1	电动机连续正转后，按下按钮 SB2，电动机停止正转，但 KM2 未得电吸合，电动机未起动反转	对应控制电路未接通	步骤 1：电路接入电源的情况下，电动机连续正转，将反向起动按钮 SB2 一次按到位，检查电路运转是否正常： 1）电路运转正常，能用按钮切换电动机正反转控制（此故障原因是按下按钮时没有按到位，致使复合按钮常闭触点先断开但常开触点并未闭合） 2）电路仍然不能正常切换控制，转步骤 2 步骤 2：断开电源，用万用表电阻档 $R\times100$ 检查控制电路，按下按钮 SB2，若测试电阻值不为接触器 KM2 的线圈电阻值，则保持万用表电阻档 $R\times100$ 不变，一个表笔不动，另一个表笔采用缩小范围法逐点后退，因正转控制电路电路正常，所以与正转电路重合的部分可以不用检测，测试范围为（SB3）3-7-8-9-（FU2）0，依次判别当前测试值是否正常，直到测试值正常，则移动的表笔本次所在测试点和上次所在测试点之间存在问题，需要使用万用表再次确认这两点之间是否正常（若测试范围内存在常开按钮，则需人为闭合常开按钮）

　思考题

1．在双重联锁正反转控制电路中，如果同时按下 SB1 和 SB2，会发生什么情况？

2．在接触器联锁正反转控制电路中（采用 L1 与 L3 对调电源实现反转），联锁触点发生机械故障，致使主电路发生短路故障，应该是哪相电源之间发生短路？

3．在某一已安装好的双重联锁正反转控制电路中，使用万用表对电路检测，结果基本正常，但在实际通电中偶尔会发生正反转切换时电路短路的故障，试分析其原因。

习　　题

1．简述电动机主电路实现正反转的方法。

2．请分析图 3-12 中四个主电路能否实现正反转控制，若不能，请说明其控制效果，并更正电路。

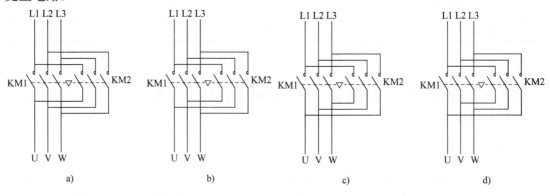

图 3-12　习题 2 图

3．简述接触器联锁的实现方法。

4．请分析图 3-13 中三个控制电路能否实现接触器联锁正反转控制，若不能，请说明其控制效果，并更正电路。

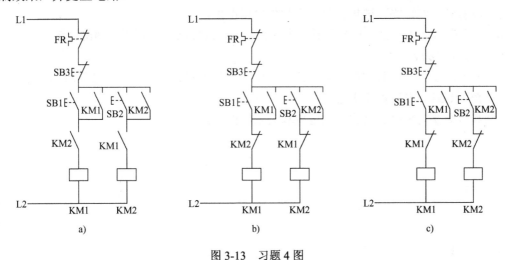

图 3-13　习题 4 图

5．简述双重联锁的实现方法。

6．请分析图 3-14 中三个控制电路能否实现双重联锁正反转控制，若不能，请说明其控制效果，并更正电路。

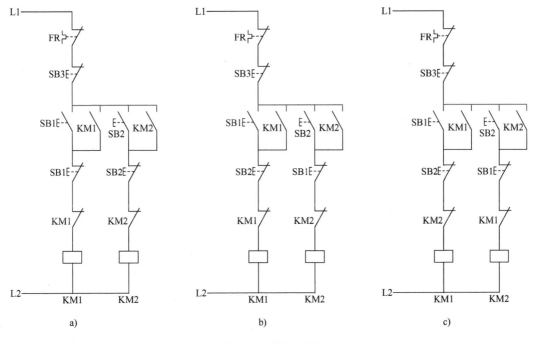

图 3-14　习题 6 图

7．某生产机械由一台三相笼型异步电动机拖动，请按以下控制要求画出控制电路图（接触器线圈为 AC380V）：

继电控制系统分析与装调

1）按下 SB1，电动机连续正转；按下 SB2，电动机连续反转；正反转之间不可以直接切换，需电动机停止一个方向的运转后才可起动另一个方向运转。

2）按下 SB3，电动机停止运转。

3）具有必要的短路、过载、欠电压和失电压保护。

8．某生产机械由一台三相笼型异步电动机拖动，请按以下控制要求画出控制电路图（接触器线圈为 AC380V）：

1）按下 SB1，电动机连续正转；按下 SB2，电动机连续反转；正反转之间可以直接切换。

2）按下 SB3，电动机停止运转。

3）具有必要的短路、过载、欠电压和失电压保护。

项目4 工作台位置控制及自动往返控制电路的安装与调试

在项目3中已经对三相笼型异步电动机如何实现正反转控制进行了介绍，在实际生产中，一些生产机械运动部件不仅需要能向某个方向移动，而且其移动的范围也要受到限制，如在摇臂钻床、万能铣床等机床设备中就经常遇到这类控制要求，生活中最常见的电梯门的开与关，也都是有位置要求的。

利用生产机械运动部件上的挡块与行程开关碰撞，使其触点动作来接通或断开电路，以实现对生产机械运动部件位置或行程的自动控制的方法称为位置控制，又称为行程控制或限位控制。实现这种控制要求的主要电器是行程开关。

本项目中主要针对工作台的位置控制和自动往返两种典型的控制电路进行安装与调试。在生产过程中，工作台控制在位置控制和自动往返控制两种基础电路上还可以进行改进以实现更多的控制功能，这需要读者自行探索。

学习目标

通过本项目的学习与训练，应达到以下目标：
1）掌握行程开关的识别与检测方法。
2）掌握到位停止与到位返回的实现方法。
3）能正确分析位置控制与自动往返控制的工作原理。
4）掌握位置控制与自动往返控制电路的安装与调试方法。

任务1 行程开关的识别、检测与安装

通过对行程开关的学习，对教学工位中现有的行程开关进行识别、检测与安装，应掌握以下知识技能：
1）掌握行程开关的动作原理，正确绘制行程开关的电气符号。
2）能正确识别与检测行程开关。
3）能正确安装行程开关。
4）了解行程开关的选用方法。

【任务咨询】

在项目1任务3中已经对主令电器中的按钮进行了学习，常用的主令电器除了按钮之外，还有行程开关、万能转换开关和主令控制器等。本任务主要针对行程开关进行学习。

在日常生活中，当打开冰箱门时，冰箱内照明灯会点亮，当关闭冰箱门时，照明灯会熄灭，这是因为冰箱门框上安装了行程开关；在洗衣机处于脱水（甩干）状态时，打开洗衣机

盖，洗衣机会暂停脱水，当洗衣机盖再次盖好后，洗衣机会自行起动继续脱水工作，这是因为洗衣机盖下面也安装了行程开关。

行程开关是一种利用生产机械某些运动部件的碰撞来发出控制指令的主令电器，主要用于控制生产机械的运动方向、速度、行程大小或位置，是一种自动控制电器。图 4-1 所示为机床中常见的几种 LX19 系列行程开关。

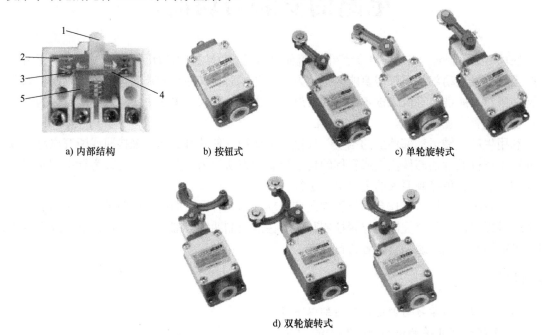

a) 内部结构　　　b) 按钮式　　　c) 单轮旋转式

d) 双轮旋转式

图 4-1　机床中常见的几种 LX19 系列行程开关

1—碰撞传动机构　2—常开触点静触片　3—常闭触点静触片　4—动触片　5—复位弹簧

1. 结构与工作原理

各系列行程开关的基本结构大体相同，都由操作机构、触点系统和外壳组成，其中 LX19 系列行程开关的微动开关内部结构如图 4-1a 所示。以某种行程开关元件为基础，装置不同的操作机构，可得到各种不同形式的行程开关，常见的是按钮式（直动式）和旋转式（滚轮式），如图 4-1b～d 所示。

行程开关的动作原理与按钮相同，区别在于它不是利用手指的按压，而是利用生产机械运动部件的碰压使其触点动作（常闭触点先断开，常开触点后闭合），从而将机械信号转变为电信号，使运动机械按一定的位置或行程实现自动停止、反向运动、变速运动或自动往返运动等。行程开关触点的常用分类方式见表 4-1。

表 4-1　行程开关触点的常用分类方式

序　号	分类依据	具体分类
1	触点类型	1 常开 1 常闭
		1 常开 2 常闭
		2 常开 1 常闭
		2 常开 2 常闭
		⋮

（续）

序　号	分类依据	具体分类
2	动作方式	瞬动式
		蠕动式
		交叉从动式
3	动作后的复位方式	自动复位
		非自动复位

2. 电气符号、型号及含义

行程开关的型号含义如下：

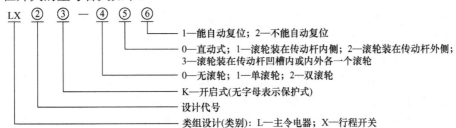

例如，LX19-111 含义为主令电器——单轮式行程开关、滚轮装在传动杆内侧、能自动复位，设计代号为 19。

行程开关的电气符号如图 4-2 所示，行程开关按用途分为：

1）一般用途行程开关，如 JW2、JW2A、LX19、LX31、LX32、LXW5 和德国西门子公司引进的 3SE3 等系列。主要用于机床及其他生产机械、自动生产线的限位和程序控制。

2）起重设备用行程开关，如 LX22 和 LX33 系列。主要用于限制起重设备及各种冶金辅助机械的行程控制。

3）断火限位器，如 LX44 系列。主要用于钢丝绳式电动葫芦，作升降机械的限位保护之用。

图 4-2　行程开关的电气符号

表 4-2 为 LX19 系列行程开关的主要技术参数。

表 4-2　LX19 系列行程开关的主要技术参数

型　号	额定电压/额定电流	触点对数		工作行程	触点超程	触点转换时间/s	结构和特点
		常开	常闭				
LX19–K				3mm	1mm		元件
LX19–111					约20°		单滚轮、滚轮装在传动杆内侧、能自动复位
LX19–121							单滚轮、滚轮装在传动杆外侧、能自动复位
LX19–131							单滚轮、滚轮装在传动杆凹槽内、能自动复位
LX19–212	380V /5A	1	1	约30°		≤0.04	双滚轮、滚轮装在 U 形传动杆内侧、不能自动复位
LX19–222					约15°		双滚轮、滚轮装在 U 形传动杆外侧、不能自动复位
LX19–232							双滚轮、滚轮装在 U 形传动杆内外各一个、不能自动复位
LX19–001				4mm	3mm		无滚轮、直动式（仅有径向传动杆）、能自动复位

3. 选用方法

行程开关的主要参数有工作行程、额定电压及触点的电流容量等，这在产品说明书中有详细说明，主要根据动作要求、安装位置及触点数量进行选择，动作机构灵活无卡顿。

【任务决策与实施】

1. 行程开关的检测

1）查看行程开关外观是否完好，使用螺钉旋具检测各接线点是否可以紧固。

2）用万用表最小电阻档测量：

常开触点：未按压行程开关，电阻应趋向于无穷大；按压行程开关，电阻应趋向于零。

常闭触点：未按压行程开关，电阻应趋向于零；按压行程开关，电阻应趋向于无穷大。

2. 行程开关的安装与使用

1）行程开关的安装位置应能使其正确动作，且不应阻碍机械部件的运动；限位用的行程开关应与机械装置配合调整，确认动作可靠后方可接入电路使用。

2）挡块或撞杆应安装在行程开关滚轮或推杆的动作轴线上，挡块或撞杆对开关的作用力及开关的动作行程均不应大于行程开关的允许值。

3）行程开关在使用中，要定期检查和保养，除去油垢及粉尘，清理触点，经常检查其动作是否灵活、可靠并及时排除故障，防止因行程开关触点接触不良或接线松脱而产生误动作，导致设备和人身安全事故。

参考以上提供的检测、安装与使用方法对本工位的行程开关进行检查，确定每个行程开关的每一对触点的性能好坏。对性能存在问题的行程开关应及时维护或更换，填写表 4-3，并将性能完好的行程开关暂时安装到网孔板上。

表 4-3　行程开关检查记录表

序　号	触点类型	测试结果（测试值）	处理办法

【任务评价】

针对学生完成任务情况进行评价，建议对以下三个评价点进行评价：

1）规定时间内对本工位的行程开关进行检查，并按要求安装到网孔板上。

2）行程开关的作用、电气符号和检测方法是否掌握。

3）针对本工位使用的行程开关，随意指出其中一对触点，可正确绘制出电气符号。

【任务拓展】

1. 行程开关的常见故障及处理方法

行程开关的部分常见故障及处理方法见表 4-4。

表 4-4 行程开关的部分常见故障及处理方法

故障现象	可能原因	处理方法
挡块碰撞行程开关后，触点不动作	触点弹簧失效	更换弹簧
	安装位置不准确	调整安装位置
碰撞传动机构已经偏转或无外界机械力作用，但触点不复位	复位弹簧失效	更换弹簧
	内部挡块卡阻	清除内部杂物
	调节螺钉太长，顶住开关按钮	检查并调整调节螺钉

2. 接近开关

行程开关是有触点开关，操作频繁时易发生故障，工作可靠性较低。图 4-3 所示为接近开关，又称为无触点行程开关，是一种与运动部件无机械接触而能动作的行程开关，也可以说它是一种开关型位置传感器，既有行程开关、微动开关的特性，又具有传感器性能，且动作可靠、性能稳定、频率响应快、使用寿命长、抗干扰能力强，并具有防水、防振、耐腐蚀等特点。接近开关有电感式、电容式和霍尔式等，其电源种类有交流和直流，结构形式有圆柱形、方形、普通型、分离型、槽型等，它除了可以用于行程控制和限位保护外，还可用于检测金属体的存在和定位等。目前接近开关的应用范围越来越广泛，如在自动化生产线中可用于检测颜色以及检测是否是金属材质等。

接近开关的型号含义如下：

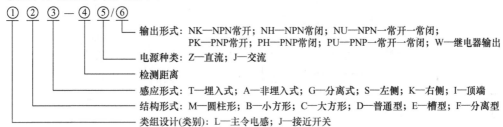

① ② ③ — ④ ⑤/⑥
└─── 输出形式：NK—NPN常开；NH—NPN常闭；NU—NPN一常开一常闭；PK—PNP常开；PH—PNP常闭；PU—PNP一常开一常闭；W—继电器输出
└─── 电源种类：Z—直流；J—交流
└─── 检测距离
└─── 感应形式：T—埋入式；A—非埋入式；G—分离式；S—左侧；K—右侧；I—顶端
└─── 结构形式：M—圆柱形；B—小方形；C—大方形；D—普通型；E—槽型；F—分离型
└─── 类组设计(类别)：L—主令电感；J—接近开关

例如，LJM18T-5Z/NK 表示电感式接近开关，外形为圆柱形，感应形式为埋入式，检测距离为 5mm，电源种类为直流，输出形式为 NPN 常开。图 4-4 所示为接近开关电气符号。接近开关具体型号系列较多，如有需要可自行查阅相关资料。

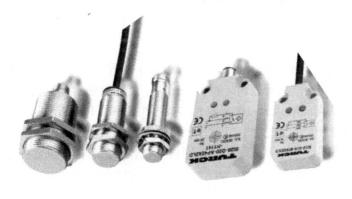

图 4-3 接近开关   图 4-4 接近开关电气符号

继电控制系统分析与装调

任务2　工作台位置控制电路的安装与调试

图 4-5 所示为工作台位置演示图。根据图 4-6 所示电路图完成工作台位置控制电路的安装与调试任务，并掌握以下知识技能：

1）到位停止的实现方法。

2）位置控制电路工作原理的分析方法。

3）位置控制电路的安装与调试方法。

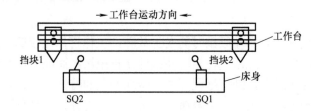

图 4-5　工作台位置演示图

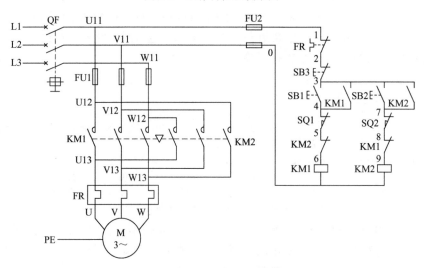

图 4-6　工作台位置控制电路图

【任务咨询】

图 4-5 中，工作台运行线路的两终端处（床身两端）各安装了一个行程开关（SQ1 和 SQ2），工作台正常工作时仅能在两行程开关控制的行程内运行。在图 3-1 所示接触器联锁正反转控制电路的基础上，将 SQ1 和 SQ2 的常闭触点分别串联在正转控制电路和反转控制电路中（见图 4-6）。挡块 1 或挡块 2 撞击行程开关的滚轮时，其常闭触点分断，切断对应运行方向的控制电路，使工作台自动停止在终端限位处，不能越过终端限位。工作台的行程和位置可通过移动行程开关的安装位置来调节。

1.　位置控制电路的工作原理分析

图 4-6 所示电路中的 KM1 和 KM2 分别控制电动机的正转和反转，并通过传动机构拖动

工作台分别向 SQ1 方向和 SQ2 方向运行。该位置控制电路的具体工作原理如下：

1）合上电源开关QF

2）左行：按下SB1 → KM1线圈得电
- → 对KM2联锁的KM1辅助常闭触点先断开
- → KM1主触点后闭合 ————————————→ ①
- → KM1辅助常开触点后闭合，自锁

① → 电动机M得电正转，工作台左移 → 移至SQ1处，挡块2撞击SQ1，SQ1常闭触点断开 → ②

② → KM1线圈失电
- → 对KM2联锁的KM1辅助常闭触点后恢复闭合
- → KM1主触点先恢复断开，电动机M停止正转 → 工作台停止左移
- → KM1辅助常开触点先恢复断开，解除自锁

3）右行：按下SB2 → KM2线圈得电
- → 对KM1联锁的KM2辅助常闭触点先断开
- → KM2主触点后闭合 ————————————→ ③
- → KM2辅助常开触点后闭合，自锁

③ → 电动机M得电反转，工作台右移 → 移至SQ2处，挡块1撞击SQ2，SQ2常闭触点断开 → ④

④ → KM2线圈失电
- → 对KM1联锁的KM2辅助常闭触点后恢复闭合
- → KM2主触点先恢复断开，电动机M停止反转 → 工作台停止右移
- → KM2辅助常开触点先恢复断开，解除自锁

4）停止：无论工作台处于何种运行状态，按下SB3，控制电路失电，电动机失电，工作台停止移动

2. 到位停止的实现方法

在项目 2 任务 2 中介绍了停止的实现方法，要实现停止，就是将停止信号的常闭触点串联到被停止元件的线圈的电源线上。到位停止是停止的一种，从图 4-6 可以看出，要实现到位停止，就是将行程开关的常闭触点串联到对应运行方向控制接触器线圈的电源线上。如图 4-7 所示（未画出其余保护、控制部分电路），当 KM1 线圈得电时，工作台左移，移至 SQ1 时，挡块 1 会碰撞 SQ1，SQ1 常闭触点断开使 KM1 线圈失电；当 KM2 线圈得电时，工作台右移，移至 SQ2 时，挡块 2 会碰撞 SQ2，SQ2 常闭触点断开使 KM2 线圈失电。

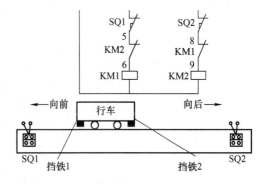

图 4-7　到位停止的实现方法

【任务决策与实施】

1. 工作前准备

1）穿戴好劳动防护用品。

2）清点器件、仪表、电工工具，并摆放整齐。

继电控制系统分析与装调

3）根据图 4-6 所示电路图绘制布置图和接线图。

4）写出通电试车调试步骤（即如何操作、接触器如何动作、电动机如何运行）。

2．安装与调试步骤

工作台位置控制电路的安装与调试步骤见表 4-5，表中"具体执行及需记录内容"并不完整，缺失部分请自行补齐。

表 4-5　工作台位置控制电路的安装与调试步骤

序号	环节	步骤	具体执行及需记录内容
1	器件的检测与安装	1-1　根据电路图选择电气器件	根据图 4-6 写出所需电气器件：_____
		1-2　检测待用电气器件性能并记录必要的测试值	根据项目 1 任务 1～5 及本项目任务 1 的器件检测方法对已选出的器件进行检测，确保器件性能正常，并将 KM1 和 KM2 的线圈电阻值记入表 4-6 "第一步：器件检查"中，便于后期的电路检测计算
		1-3　将各电气器件的符号贴在对应的器件上	根据图 4-6 在贴纸上写好器件符号，并将写好的贴纸贴到对应的器件上，确保贴号清晰可见且不影响后续操作
		1-4　根据已绘制好的布置图在网孔板上安装需要使用的各电气器件	根据图 4-6 所示电路图绘制好布置图进行器件安装，注意： 1）实际安装位置应与布置图一致 2）器件应安装整齐、牢固（器件固定用安装孔应全部安装，至少也需要保证对角安装） 3）安装时避免出现螺钉不正或用力过大，以免损伤器件固定用安装孔
2	控制电路的安装与调试	2-1　根据电路图和接线图，写出控制电路所需线号	根据图 4-6 写出控制电路所需线号（具体线号及各线号的数量）：_____
		2-2　根据电路图和接线图，将写好的线号贴到对应器件的对应触点旁	贴号时应注意以下几点： 1）贴号时注意不要贴错触点，如常开触点与常闭触点不要贴错 2）尽量选择统一的方法（如都在触点正上方）进行贴号，这样可尽量减少出错可能，如一个电路中部分贴左侧、部分贴右侧，就可能出现安装中突然分不清所贴线号到底属于哪一对触点的情况 3）贴号时注意所选位置尽量避开安装时会被反复碰到的位置，以免线号被碰掉或者影响安装，如贴到螺钉正上方，就会出现影响安装的情况
		2-3　根据电路图和接线图进行接线	接线原则：所有相同的线号需要用导线连接到一起（导线连接好后使用万用表测量，任意两个同号点之间应为导通状态），还需注意，一般情况下一根导线两端线号一定相同 达到以上原则的接线方法很多，此处建议初学者每次将同一个线号全部接线完后再进行下一个线号的接线
		2-4　结合电路图核对接线	结合图 4-6 对电路中已接线线号依次进行检查核对
		2-5　使用万用表对电路进行基本检测	根据表 4-6 "第二步：控制电路检测"对控制电路进行 KM1 起动、停止、自锁检测，KM2 起动、停止、自锁检测，KM1 与 KM2 的联锁和到位停止检测，并记录相关数据，根据器件检查记录值估算理论值，若理论值与测量值相近（一致），则说明电路基本正常
		2-6　通电试车	将电源的两根相线接到端子排的 L1 和 L2 上，闭合电源开关： 1）按下 SB1，接触器 KM1 得电吸合 2）碰撞 SQ1，接触器 KM1 断电释放 3）按下 SB2，接触器 KM2 得电吸合 4）碰撞 SQ2，接触器 KM2 断电释放 5）按下 SB1/SB2，接触器 KM1/KM2 得电吸合；再按下 SB3，接触器 KM1/KM2 断电释放 试车完毕后，断开电源开关，从端子排上取下电源的两根相线，注意通电期间不可以直接或间接触碰任何带电体
3	主电路的安装与调试	3-1　根据电路图和接线图，写出主电路所需线号	根据图 4-6 写出主电路所需线号（具体线号及各线号的数量）：_____
		3-2　根据电路图和接线图，将写好的线号贴到对应器件的对应触点旁	贴号时的注意事项与本表步骤 2-2 一致

（续）

序　号	环　节	步　骤	具体执行及需记录内容
3	主电路的安装与调试	3-3　根据电路图和接线图，进行接线	接线原则和接线方法与本表步骤 2-3 一致
		3-4　结合电路图核对接线	接线核对方法与本表步骤 2-4 一致
		3-5　使用万用表对电路进行基本检测	根据表 4-6 "第三步：主电路检测"对主电路 KM1 和 KM2 未压合、压合共四种状态进行检测，并记录相关数据，若估算理论值与测量值相近（一致），则说明电路基本正常 为防止出现电源线接错导致电源短路故障，建议根据表 4-6 "第四步：防短路检测"进行检测
		3-6　通电试车	将电动机定子绕组按电动机自身铭牌要求接成指定形式后，再将 U1、V1 和 W1 分别接入端子排上的 U、V 和 W（根据电动机的额定电流整定好热继电器的整定电流：一般整定电流为被保护电动机额定电流的 0.95～1.05 倍），将电源的三根相线接到端子排的 L1、L2 和 L3 上，闭合电源开关： 1）按下 SB1，接触器 KM1 得电吸合，电动机连续正转运行 2）碰撞 SQ1，接触器 KM1 断电释放，电动机失电惯性正转一段时间后停止 3）按下 SB2，接触器 KM2 得电吸合，电动机连续反转运行 4）碰撞 SQ2，接触器 KM2 断电释放，电动机失电惯性反转一段时间后停止 5）按下 SB1/SB2，接触器 KM1/KM2 得电吸合，电动机连续正转/反转运行；再按下 SB3，接触器 KM1/KM2 断电释放，电动机失电惯性正转/反转一段时间后停止 试车完毕，断开电源开关，从端子排上取下电源的三根相线，注意通电期间不可以直接或间接碰触任何带电体

3．参考检测方法

表 4-6 为工作台位置控制电路的参考检测方法，主要包括器件检查、控制电路检测、主电路检测和防短路检测四部分。其中，器件检查阶段记录的线圈电阻值是为了后期推算理论值，以便判断测量值是否正确；控制电路检测主要检测起停功能是否正常，先根据器件检查阶段的测量值计算理论值，再将测量值与理论值对比，如基本一致则说明电路正常，如差别较大则需检查电路；主电路检测主要检测接触器主触点，闭合时相关电路应处于接通状态。表中部分测试功能的操作方法未给出，可参考项目 3 任务 1 中表 3-3 自行完成。

注意：整个检查阶段不接入电源、不接入电动机、电源开关已闭合

表 4-6　工作台位置控制电路的参考检测方法

第一步：器件检查		
万用表档位	KM1 线圈电阻测量值	KM2 线圈电阻测量值
指针式 $R \times 100$		

第二步：控制电路检测			
万用表档位	指针式 $R \times 100$		
测试点	万用表两表笔分别放置在控制电路电源线上（如图 4-6 中的 L1 和 L2）		

序号	测试功能	操作方法	理论电阻值	测量电阻值
1	未起动状态检测	无须操作		

（续）

序号	测试功能	操作方法	理论电阻值	测量电阻值
2	KM1 起动与停止检测			
3	KM1 自锁与停止检测			
4	KM2 起动与停止检测	按下起动按钮 SB2		
		同时按下起动按钮 SB2 和停止按钮 SB3		
5	KM2 自锁与停止检测	压合 KM2		
		压合 KM2，同时按下停止按钮 SB3		
6	KM1 与 KM2 联锁检测			
7	左行（KM1）到位停止检测	压合 KM1		
		压合 KM1，同时按下 SQ1		
8	右行（KM2）到位停止检测	压合 KM2		
		压合 KM2，同时按下 SQ2		

第三步：主电路检测				
万用表档位		指针式 $R\times1$		

序号	操作方法	测试点	理论电阻值	测量电阻值
1	未压合 KM1	L1-U		
		L2-V		
		L3-W		
2	压合 KM1	L1-U		
		L2-V		
		L3-W		
3	未压合 KM2	L1-W		
		L2-V		
		L3-U		
4	压合 KM2	L1-W		
		L2-V		
		L3-U		

第四步：防短路检测

以上参考检测方法建立在接线正确的情况下，为保证安全，建议增加防短路检测。在未接入电源、闭合电源开关、未接入电动机的前提下，具体方法如下：

1）不压合 KM1 和 KM2，L1、L2、L3 三根电源线间两两检测，电阻值都应为无穷大

2）压合 KM1 或 KM2，L1、L2、L3 三根电源线间两两检测，除 L1-L2 间会测得线圈电阻值以外，测得的另两个电阻值应为无穷大

【任务评价】

在完成电路的安装与调试任务以后，请根据附录 A 进行任务评分，并对完成本任务过程中遇到的问题进行总结。

【任务拓展】

工作台位置控制电路的主体部分与项目 3 任务 1 电路一致，因此其常见的故障现象及检测方法可参看项目 3 任务 1 的任务拓展部分，表 4-7 中仅列出该电路特有的部分故障现象及检测方法。

表4-7　位置控制电路特有的部分故障现象及检测方法

序号	故障现象	分析原因	检测方法（参考）
1	在非端点处（未压到SQ1），按下起动按钮SB1，接触器KM1不吸合，但是按下SB2，KM2可正常得电	接触器KM1线圈未得电，故障应该在控制电路，但由于反转可正常起动，所以L1-1-2-3和0-L2两段正反转的公共电路正常，故障范围为（SB3）3-4-5-6-0	万用表置于电阻R×100档，一个表笔在FU2的0号不动，另一个表笔采用缩小范围法，从SB3的3号开始逐点后退，依次判别当前测试值是否正常，直到测试值正常，则移动的表笔本次所在测试点和上次所在测试点之间存在故障，需要使用万用表再次确认这两点之间是否正常（当测试范围内存在SB1常开触点时，则需人为闭合SB1常开触点）
2	工作台运行到SQ1处无法停止行车	SQ1常闭触点无法分断电路	步骤1：万用表置于R×100档，将两表笔分别置于SQ1常闭触点两端，在未压合SQ1（即工作台未到达SQ1处）的情况下，电阻应趋向于零，在压合SQ1（即工作台到达SQ1处）的情况下，电阻应趋向于无穷大： 1）若满足该要求，则说明行程开关正常，需采用步骤2进行进一步检查 2）若不满足该要求，则说明行程开关触点损坏，无法分断，需更换行程开关 步骤2：此种情况应是电路安装存在问题，如KM1自锁触点的4号线错接到SQ1的5号线处，这样可能会造成在接触器已经自锁的情况下，SQ1断开而电路无法断开的情形，但是在通电前的电路检测阶段仔细检查，一般不会出现该类情形

 思考题

如何改进位置控制电路，以实现工作台可以在左右两个端点之间自动往返运行？

任务3　工作台自动往返控制电路的安装与调试

图4-8所示为工作台位置演示图，请根据图4-9完成工作台自动往返控制电路的安装与调试任务，并掌握以下知识技能：

1）到位返回的实现方法。

2）自动往返控制电路工作原理的分析方法。

3）自动往返控制电路的安装与调试方法。

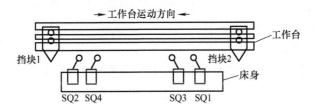

图4-8　工作台位置演示图

【任务咨询】

在实际生产中，有些生产机械的工作台需要在一定行程内自动往返运动，以便实现对工件的连续加工，提高生产效率，这就需要电气控制电路能控制电动机实现自动切换正反转。

图4-8中，工作台运行线路的两终端处（床身两端）安装了四个行程开关（SQ1~SQ4），其中SQ1和SQ2用来自动切换电动机正反转，实现工作台的自动往返；SQ3和SQ4用作终

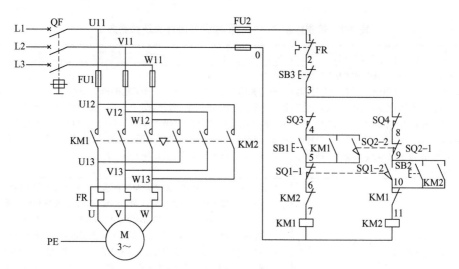

图 4-9　工作台自动往返控制电路图

端保护，以防止 SQ1、SQ2 失灵，工作台越过限定位置而造成事故。工作台左右装有挡块 1 和挡块 2，挡块 1 只能与 SQ2、SQ4 相碰撞，挡块 2 只能与 SQ1、SQ3 相碰撞。工作台行程可通过移动挡块位置来调节，拉近两块挡块间的距离，行程变短，反之则变长。

1．自动往返控制电路的工作原理分析

图 4-9 中，当工作台移动到限定位置时，挡块碰撞行程开关，使其触点动作，自动切换电动机正反转，通过机械传动机构使工作台自动往返运动。该自动往返控制电路的具体工作原理如下：

1）合上电源开关QF

2）往返：按下SB1→KM1线圈得电→对KM2联锁的KM1辅助常闭触点先断开

→KM1主触点后闭合────────────①

→KM1辅助常开触点后闭合，自锁──┘

①→电动机M得电正转，工作台左移→移至SQ1处，挡块2撞击SQ1→②

②→SQ1常闭触点先断开→③

→SQ1常开触点后闭合→④

③→KM1线圈失电→对KM2联锁的KM1辅助常闭触点后恢复闭合

→KM1主触点先恢复断开，电动机M停止正转→工作台停止左移

→KM1辅助常开触点先恢复断开，解除自锁

④→KM2线圈得电→对KM1联锁的KM2辅助常闭触点先断开

→KM2主触点后闭合────────────⑤

→KM2辅助常开触点后闭合，自锁──┘

⑤→电动机M得电反转，工作台右移(离开SQ1处，SQ1触点复位)→移至SQ2处，挡块1撞击SQ2→SQ2常闭触点先断开→⑥

→SQ2常开触点后闭合→⑦

⑥━━KM2线圈失电━━对KM1联锁的KM2辅助常闭触点后恢复闭合

　　　　　　　　　　━━KM2主触点先恢复断开，电动机M停止反转━━工作台停止右移

　　　　　　　　　　━━KM2辅助常开触点先恢复断开，解除自锁

⑦━━KM1线圈得电━━对KM2联锁的KM1辅助常闭触点先断开

　　　　　　　　　　━━KM1主触点后闭合━━━━━━━━━━━━━⑧

　　　　　　　　　　━━KM1辅助常开触点后闭合，自锁

⑧━━电动机M得电正转，工作台左移(离开SQ2处，SQ2触点复位)━━工作台在限定的行程
　　内自动往返运动(SB2与SB1的区别仅在于工作台起动后的运行方向不同)

3）停止：无论工作台处于何种运行状态，按下 SB3，控制电路失电，电动机失电，工作
台停止移动

4）终端保护：在 KM1 得电、电动机正转、工作台左移的前提下，如 SQ1 未能正常分断，
工作台挡块 2 碰到 SQ3 后，SQ3 常闭触点断开，KM1 线圈失电，电动机停止运转、
工作台停止移动；在 KM2 得电、电动机反转、工作台右移的前提下，如 SQ2 未能正
常分断，工作台挡块 1 碰到 SQ4 后，SQ4 常闭触点断开，KM2 线圈失电，电动机停
止运转、工作台停止移动

2. 到位返回的实现方法

到位返回实际应拆分为两步，先实现到位停止，再实现到位起动，到位停止已经在本项
目任务 2 中介绍，这里主要介绍到位起动。在项目 2 任务 1 中介绍了起动的实现方法，要实
现起动，就是将起动信号的常开触点串联到被起动元件的线圈上方。到位起动是起动的一种，
从图 4-9 可以看出，要实现到位起动，在已有起动信号（如 SB1）的前提下，将限位行程开
关（如 SQ2）的常开触点并联到被起动接触器的已有起动信号（如 SB1）两端。到位停止与
到位起动的实现方法如图 4-10 所示（未画出其余保护、控制部分电路），方框标出的为实现
到位停止的部分，圆圈标出的为实现到位起动的部分。

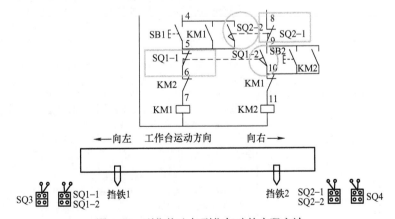

图 4-10　到位停止与到位起动的实现方法

【任务决策与实施】

1. 工作前准备

1）穿戴好劳动防护用品。

2）清点器件、仪表、电工工具，并摆放整齐。

3）根据图 4-9 所示电路图绘制布置图和接线图。

4）写出通电试车调试步骤（即如何操作、接触器如何动作、电动机如何运行）。

2. 安装与调试步骤

工作台自动往返控制电路的安装与调试步骤见表 4-8，表中"具体执行及需记录内容"并不完整，缺失部分请自行补齐。

表 4-8　工作台自动往返控制电路的安装与调试步骤

序号	环节	步骤	具体执行及需记录内容
1	器件的检测与安装	1-1　根据电路图选择电气器件	根据图 4-9 所示电路图写出所需电气器件：
		1-2　检测待用电气器件性能并记录必要的测试值	根据项目 1 任务 1～5 及本项目任务 1 的器件检测方法对已选出的器件进行检测，确保器件性能正常，并将 KM1 和 KM2 的线圈电阻值记入表 4-9 "第一步：器件检查"中，便于后期的电路检测计算
		1-3　将各电气器件的符号贴在对应的器件上	根据图 4-9 在贴纸上写好器件的符号： 将写好的贴纸贴到对应的器件上，确保贴号清晰可见且不影响后续操作
		1-4　根据已绘制好的布置图在网孔板上安装需要使用的各电气器件	根据图 4-9 绘制好布置图并进行器件安装，注意： 1）实际安装位置应与布置图一致 2）器件应安装整齐、牢固（器件固定用安装孔应全部安装，至少也需要保证对角安装） 3）安装时避免出现螺钉不正或用力过大，以免损伤器件固定用安装孔
2	控制电路的安装与调试	2-1　根据电路图和接线图，写出控制电路所需线号	根据图 4-9 写出控制电路所需线号（具体线号及各线号的数量）：
		2-2　根据电路图和接线图，将写好的线号贴到对应器件的对应触点旁	贴号时应注意以下几点： 1）贴号时注意不要贴错触点，如常开触点与常闭触点不要贴错 2）尽量选择统一方法（如都在触点正上方）进行贴号，这样可尽量减少出错可能，如一个电路中部分贴左侧、部分贴右侧，就可能出现安装中突然分不清所贴线号到底属于哪一对触点的情况 3）贴号时注意所选位置尽量避开安装时可能会被反复碰到的位置，以免线号被碰掉或者影响安装，如贴到螺钉正上方，就会出现影响安装的情况
		2-3　根据电路图和接线图进行接线	接线原则：所有相同的线号需要用导线连接到一起（导线连接好后使用万用表测量，任意两个同号点之间应为导通状态），还需注意，一般情况下一根导线两端线号一定相同 达到以上原则的接线方法很多，此处建议初学者每次将同一个线号全部接线完后再进行下一个线号的接线
		2-4　结合电路图核对接线	结合图 4-9 对电路中已接线线号依次进行检查核对
		2-5　使用万用表对电路进行基本检测	根据表 4-9 "第二步：控制电路检测"对控制电路进行未起动状态检测，KM1 起动、停止、自锁检测，KM2 起动、停止、自锁检测，KM1 与 KM2 联锁和到位返回等检测，并记录相关数据，根据器件检查记录值估算理论值，若理论值与测量值相近（一致），则说明电路基本正常
		2-6　通电试车	将电源的两根相线接到端子排的 L1 和 L2 上，闭合电源开关： 1）按下 SB1，接触器 KM1 得电吸合 2）碰撞 SQ1，接触器 KM1 断电释放，接触器 KM2 得电吸合 3）碰撞 SQ2，接触器 KM2 断电释放，接触器 KM1 得电吸合 4）按下 SB3，接触器 KM1 断电释放 5）按下 SB2，接触器 KM2 得电吸合；碰撞 SQ2，接触器 KM2 断电释放，接触器 KM1 得电吸合；碰撞 SQ1，接触器 KM1 断电释放，接触器 KM2 得电吸合；按下 SB3，接触器 KM2 断电释放 6）按下 SB1，接触器 KM1 得电吸合；碰撞 SQ3，接触器 KM1 断电释放，按下 SB2，接触器 KM2 得电吸合；碰撞 SQ4，接触器 KM2 断电释放 试车完毕后，断开电源开关，从端子排上取下电源的两根相线，注意通电期间不可以直接或间接碰触任何带电体

（续）

序　号	环　节	步　骤	具体执行及需记录内容
3	主电路的安装与调试	3-1　根据电路图和接线图，写出主电路所需线号	根据图 4-9 写出主电路所需线号（具体线号及各线号的数量）： _____
		3-2　根据电路图和接线图，将写好的线号贴到对应器件的对应触点旁	贴号时的注意事项与本表步骤 2-2 一致
		3-3　根据电路图和接线图，进行接线	接线原则和接线方法与本表步骤 2-3 一致
		3-4　结合电路图核对接线	接线核对方法与本表步骤 2-4 一致
		3-5　使用万用表对电路进行基本检测	根据表 4-9 "第三步：主电路检测" 对主电路 KM1 和 KM2 未压合、压合共四种状态进行检测，并记录相关数据，若估算理论值与测量值相近（一致），则说明电路基本正常 为防止出现电源线接错导致电源短路故障，建议根据表 4-9 "第四步：防短路检测" 进行检测
		3-6　通电试车	将电动机定子绕组按电动机自身铭牌要求接成指定形式后，再将 U1、V1 和 W1 分别接入端子排上的 U、V 和 W（根据电动机的额定电流整定好热继电器的整定电流：一般整定电流为被保护电动机额定电流的 0.95～1.05 倍），将电源的三根相线接到端子排的 L1、L2 和 L3 上，闭合电源开关： 1）按下 SB1，接触器 KM1 得电吸合，电动机连续正转运行 2）碰撞 SQ1，接触器 KM1 断电释放，接触器 KM2 得电吸合，电动机连续反转运行 3）碰撞 SQ2，接触器 KM2 断电释放，接触器 KM1 得电吸合，电动机连续正转运行 4）按下 SB3，接触器 KM1 断电释放，电动机失电惯性正转一段时间后停止 5）按下 SB2，接触器 KM2 得电吸合，电动机连续反转运行；碰撞 SQ2，接触器 KM2 断电释放，接触器 KM1 得电吸合，电动机连续正转运行；碰撞 SQ1，接触器 KM1 断电释放，接触器 KM2 得电吸合，电动机连续反转运行；按下 SB3，接触器 KM2 断电释放，电动机失电惯性反转一段时间后停止 试车完毕断开电源开关，从端子排上取下电源的三根相线，注意通电期间不可以直接或间接触碰任何带电体

3．参考检测方法

表 4-9 为工作台自动往返控制电路的参考检测方法，主要包括器件检查、控制电路检测、主电路检测和防短路检测四部分。其中，器件检查阶段记录的线圈电阻值是为了后期推算理论值，以便判断测量值是否正确；控制电路检测主要检测起停功能是否正常，先根据器件检查阶段的测量值计算理论值，再将测量值与理论值对比，如基本一致则说明电路正常，如差别较大则需检查电路；主电路主检测要检测接触器主触点闭合时相关电路应处于接通状态。表中部分测试功能的操作方法未给出，可参考项目 3 任务 1 中表 3-3 自行完成。

注意：整个检查阶段不接入电源、不接入电动机、电源开关已闭合。

表 4-9　工作台自动往返控制电路的参考检测方法

第一步：器件检查		
万用表档位	KM1 线圈电阻测量值	KM2 线圈电阻测量值
指针式 $R×100$		

（续）

第二步：控制电路检测				
万用表档位	指针式 $R \times 100$			
测试点	万用表两表笔分别放置在控制电路电源线上（如图 4-9 中的 L1 和 L2）			
序号	测试功能	操作方法	理论电阻值	测量电阻值
1	未起动状态检测	无须操作		
2	KM1 起动与停止检测			
3	KM1 自锁与停止检测			
4	KM2 起动与停止检测			
5	KM2 自锁与停止检测			
6	KM1 与 KM2 联锁检测			
7	左行到位起动右行检测	压合 SQ1		
8	右行到位起动左行检测	压合 SQ2		
9	SQ1 和 SQ2 常闭触点检测	同时按下 SQ1 和 SQ2		
10	终端保护检测	压合 KM1，同时按下 SQ3		
		压合 KM2，同时按下 SQ4		

第三步：主电路检测				
万用表档位	指针式 $R \times 1$			
序号	操作方法	测试点	理论电阻值	测量电阻值
1	未压合 KM1	L1-U		
		L2-V		
		L3-W		
2	压合 KM1	L1-U		
		L2-V		
		L3-W		
3	未压合 KM2	L1-W		
		L2-V		
		L3-U		
4	压合 KM2	L1-W		
		L2-V		
		L3-U		

第四步：防短路检测

以上参考检测方法建立在接线正确的情况下，为保证安全，建议增加防短路检测。在未接入电源、闭合电源开关、未接入电动机的前提下，具体方法如下：

1）不压合 KM1 和 KM2，L1、L2、L3 三根电源线间两两检测，电阻值都应为无穷大

2）压合 KM1 或 KM2，L1、L2、L3 三根电源线间两两检测，除 L1-L2 间会测得线圈电阻值以外，测得的另两个电阻值应为无穷大

【任务评价】

在完成电路的安装与调试任务以后，请根据附录 A 进行任务评分，并对完成本任务过程中遇到的问题进行总结。

【任务拓展】

自动往返控制电路与本项目任务 1 电路大部分重合，因此其常见的故障现象及检测方法也可参看任务 1 的任务拓展部分，表 4-10 中仅列出该电路特有的部分故障现象及检测方法。

表 4-10　自动往返控制电路特有的部分故障现象及检测方法

序号	故障现象	分析原因	检测方法（参考）
1	左行到达端点处停车，不自动向右返回，其余功能正常	通过碰撞 SQ1 未使接触器 KM2 线圈得电，由于其他功能正常，所以故障范围为（SB2）9-（SQ1）9-（SQ1）10-（SB2）10	步骤 1：万用表置于 $R×100$ 档，将两表笔分别置于 SQ1 常开触点两端，在未碰撞 SQ1（即工作台未到达 SQ1 处）的情况下，电阻应趋向于无穷大，在碰撞 SQ1（即工作台到达 SQ1 处）的情况下，电阻应趋向于零： 1）若满足该要求，则说明行程开关正常，需采用步骤 2 进行进一步检查 2）若不满足该要求，则说明行程开关触点损坏，无法闭合，需更换行程开关 步骤 2：万用表档位不变（$R×100$ 档），测试（SB2）9-（SQ1）9 和（SB2）10-（SQ1）10 两段电路，正常情况下电阻应趋向于零，若哪一段电路电阻不为趋向于零，则那段电路存在问题
2	左行到达端点处不返回，继续左行至 SQ3 停车，其余功能正常	SQ1 常闭触点应分断达到停止左行的目的，但未达到	检测方法参考表 4-7 故障现象 2 的检测方法

 思考题

图 4-9 所示自动往返控制电路中存在一个问题，即当初始工作台停在端点处（即 SQ1 或 SQ2 处）时，会出现闭合 QF 通电，无须按下起动按钮就会自动起动左行或右行的情况，另外当停止时也不可以在端点处实现真正停止，应如何解决这个问题？

习　　题

1．什么是位置控制？常采用什么电器来实现位置控制？

2．什么是行程开关？生活中除了冰箱和洗衣机外还有哪里存在行程开关？

3．行程开关的电气符号如何画？

4．拥有 1 对常开触点和 1 对常闭触点的行程开关，当其受到碰撞时，常开触点与常闭触点哪对触点先动作？

5．简述到位停止的实现方法。

6．结合图 4-11a 所示的位置演示图，分析图 4-11b 所示控制电路能否实现到位停止。若不能，请说明其控制效果，并更正电路。

7．简述到位返回的实现方法。

8. 什么是终端保护？

9. 结合图 4-12a 所示的位置演示图，分析图 4-12b 所示控制电路能否实现到位返回和终端保护。若不能，请说明其控制效果，并更正电路。

10. 某一生产机械的工作台用一台三相笼型异步电动机拖动，要求实现自动往返行程，其位置演示图如图 4-13 所示：通过操作按钮可以实现电动机正转起动、反转起动以及停车控制；当工作台到达两端终点时，立刻返回进行自动往返；行程两端装有极限保护位置开关。请画出满足该控制要求的电路图（接触器线圈为 AC380V）。

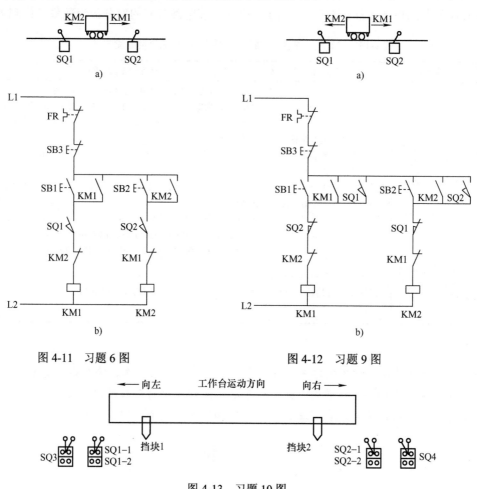

图 4-11 习题 6 图   图 4-12 习题 9 图

图 4-13 习题 10 图

项目 5   电动机顺序控制电路的安装与调试

在装有多台电动机的生产机械中，各电动机的作用是不同的，有时必须按照一定的顺序起停，才能保证操作过程的合理性和工作的安全可靠。如三节传送带，起动时一般要求最下面的一台先起动、再中间一台起动、最后是最上面一台起动，目的是防止物料堆积；而停止的顺序则是逆序的，即最上面的一台先停止、再中间一台、最后是最下面一台，目的是保证停车后传送带上物料没有残余。如 X62W 型万能铣床，要求主轴电动机起动后，冷却泵电动机才能起动。传送带和铣床中两种电动机的起停形式都属于顺序控制。

要求几台电动机的起动或停止必须按一定的先后顺序来完成的控制，叫作电动机的顺序控制。

本项目主要针对顺序控制中的顺起逆停手动控制电路和时间原则自动控制电路进行安装与调试。生产过程中，可以根据控制需要，对本项目提出的两种基础电路进行改进以实现更多的控制功能，这需要读者自行探索。

学习目标

通过本项目的学习与训练，应达到以下目标：

1）掌握时间继电器的识别与检测方法。

2）掌握顺序起动和顺序停止的实现方法。

3）能正确分析顺起逆停手动控制电路和时间原则自动控制电路的工作原理。

4）掌握两种顺序控制电路的安装与调试方法。

任务 1   顺起逆停手动控制电路的安装与调试

根据图 5-1 所示电路图完成两台电动机顺起逆停手动控制电路的安装与调试任务，并掌握以下知识技能：

1）顺序起动和顺序停止的实现方法。

2）两台电动机顺起逆停手动控制电路工作原理的分析方法。

3）两台电动机顺起逆停手动控制电路的安装与调试方法。

【任务咨询】

[前提知识]

顺序控制的实现途径主要有两种：主电路实现顺序控制和控制电路实现顺序控制。主电路实现顺序控制在灵活性上不如控制电路实现顺序控制，主电路实现顺序控制的典型控制电路图如图 5-2 所示，该控制电路的工作过程如下：

1）先按下 SB1，KM1 线圈得电，KM1 自锁触点闭合、主触点闭合，电动机 M1 得电运

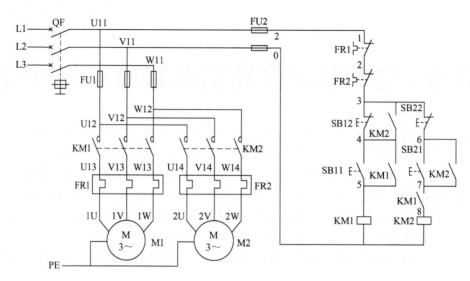

图 5-1　两台电动机顺起逆停手动控制电路图

转；再按下 SB2，KM2 线圈得电，KM2 自锁触点闭合、主触点闭合（KM1 主触点已闭合），电动机 M2 得电运转。

2）按下 SB3，控制电路失电，两台电动机同时停止。

3）两台电动机任何一台发生过载，其对应的热继电器都会动作，热继电器常闭触点断开，控制电路失电，两台电动机同时停止。

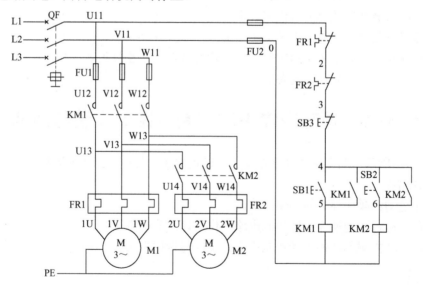

图 5-2　主电路实现顺序控制电路图

[核心知识]

1. 顺序控制电路的工作原理分析

图 5-1、图 5-3 和图 5-4 所示为采用控制电路实现顺序控制的三种不同控制电路，三个电路的主电路一致，因此图 5-3 和图 5-4 未重复画出，从 5-1 所示电路可以看到两台电动机主电

路互不相关，电动机的起停全靠控制电路实现。图 5-3 所示电路的控制功能为先按下 SB1，电动机 M1 起动，再按下 SB2，电动机 M2 才能起动（即顺序起动）；按下 SB3 两台电动机同时停止。图 5-4 所示电路的控制功能为先按下 SB11，电动机 M1 起动，再按下 SB21，电动机 M2 才能起动（即顺序起动）；按下 SB22，电动机 M2 独自停止；按下 SB12，两台电动机同时停止。

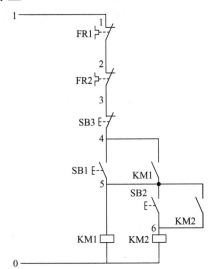

图 5-3　两台电动机顺序控制电路图（1）　　　图 5-4　两台电动机顺序控制电路图（2）

图 5-1 所示电路的具体工作原理如下：

1）合上电源开关QF

2）起动：按下SB11→KM1线圈得电→
- KM1主触点闭合──────────→电动机M1起动
- KM1辅助常开触点(4-5)闭合，自锁
- KM1辅助常开触点(7-8)闭合→KM2线圈得电→①
  按下SB21

①→
- KM2主触点闭合──────────→电动机M2起动
- KM2辅助常开触点(6-7)闭合，自锁
- KM2辅助常开触点(3-4)闭合，防止KM1线圈先失电

3）停止：按下SB22→KM2线圈失电→
- KM2主触点恢复断开 → 电动机M2停止
- KM2辅助常开触点(6-7)恢复断开，解除自锁
- KM2辅助常开触点(3-4)恢复断开 → KM1线圈失电→②
  按下SB12

②→
- KM1主触点恢复断开 → 电动机M1停止
- KM1辅助常开触点(4-5)恢复断开，解除自锁
- KM1辅助常开触点(7-8)恢复断开，防止KM2线圈先得电

2．顺序起动的实现方法

仔细观察图 5-1、图 5-3 和图 5-4 可以发现，在后起动接触器的起动按钮上方或下方串接

了先起动接触器的辅助常开触点，这样可以确保先起动接触器得电后，后起动接触器才可能得电。所以要实现顺序起动，需要将先起动接触器的辅助常开触点串联在后起动接触器的起动按钮之后，如图 5-5 所示（未画出其余保护、控制部分电路）。

3．顺序停止的实现方法

仔细观察图 5-1 可以发现，在后停止接触器的停止按钮两端并联了先停止接触器的辅助常开触点，这样可以确保在先停止接触器未失电前，后停止接触器的停止按钮无效（不能先停止）。所以要实现顺序停止，需要将先停止接触器的辅助常开触点并联在后停止接触器的停止按钮两端，如图 5-6 所示（未画出其余保护、控制部分电路）。

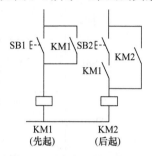　　　　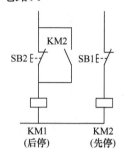

图 5-5　顺序起动的实现方法　　　　　图 5-6　顺序停止的实现方法

【任务决策与实施】

1．工作前准备

1）穿戴好劳动防护用品。

2）清点器件、仪表、电工工具，并摆放整齐。

3）根据图 5-1 所示电路图绘制布置图和接线图。

4）写出通电试车调试步骤（即如何操作、接触器如何动作、电动机如何运行）。

2．安装与调试步骤

两台电动机顺起逆停手动控制电路的安装与调试步骤见表 5-1，表中"具体执行及需记录内容"并不完整，缺失部分请自行补齐。

表 5-1　两台电动机顺起逆停手动控制电路的安装与调试步骤

序　号	环　节	步　骤	具体执行及需记录内容
1	器件的检测与安装	1-1　根据电路图选择电气器件	根据图 5-1 所示电路图写出所需电气器件：
		1-2　检测待用电气器件性能并记录必要的测试值	对已选出的器件进行检测，确保器件性能正常，并将 KM1、KM2 的线圈电阻值记入表 5-2 "第一步：器件检查"中，便于后期的电路检测计算
		1-3　将各电气器件的符号贴在对应的器件上	根据图 5-1 在贴纸上写好器件的符号： 将写好的贴纸贴到对应的器件上，确保贴号清晰可见且不影响后续操作
		1-4　根据已绘制好的布置的图在网孔板上安装需要使用的各电气器件	根据图 5-1 绘制好布置图并进行器件安装，注意： 1）实际安装位置应与布置图一致 2）器件应安装整齐、牢固（器件固定用安装孔应全部安装，至少也需要保证对角安装） 3）安装时避免出现螺钉不正或用力过大，以免损伤器件固定用安装孔

（续）

序　号	环　节	步　骤	具体执行及需记录内容
2	控制电路的安装与调试	2-1　根据电路图和接线图，写出控制电路所需线号	根据图 5-1 写出控制电路所需线号（具体线号及各线号的数量）： ＿＿＿＿＿＿＿＿＿＿＿＿＿＿＿＿＿＿＿＿＿＿＿＿＿＿＿＿＿
		2-2　根据电路图和接线图，将写好的线号贴到对应器件的对应触点旁	贴号时应注意以下几点： 1）贴号时注意不要贴错触点，如常开触点与常闭触点不要贴错 2）尽量选择统一方法（如都在触点正上方）进行贴号，这样可尽量减少出错可能，如一个电路中部分贴左侧、部分贴右侧，就可能出现安装中突然分不清所贴线号到底属于哪一对触点的情况 3）贴号时注意所选位置尽量避开安装时可能会被反复碰到的位置，以免线号被碰掉或者影响安装，如贴到螺钉正上方，就会出现影响安装的情况
		2-3　根据电路图和接线图进行接线	接线原则：所有相同的线号需要用导线连接到一起（导线连接好后使用万用表测量，任意两个同号点之间应为导通状态），还需注意，一般情况下一根导线两端线号一定相同 达到以上原则的接线方法很多，此处建议初学者每次将同一个线号全部接线完后再进行下一个线号的接线
		2-4　结合电路图核对接线	结合图 5-1 对电路中已接线线号依次进行检查核对
		2-5　使用万用表对电路进行基本检测	根据表 5-2 "第二步：控制电路检测" 对控制电路进行未起动状态检测，KM1 和 KM2 的顺序起动与停止检测等，并记录相关数据，根据器件检查记录值估算理论值，若理论值与测量值相近（一致），则说明电路基本正常
		2-6　通电试车	将电源的两根相线接到端子排的 L1 和 L2 上，闭合电源开关： 1）按下 SB21，无接触器得电吸合 2）按下 SB11，接触器 KM1 得电吸合；再按下 SB21，接触器 KM2 得电吸合 3）按下 SB12，无接触器断电释放 4）先按下 SB22，接触器 KM2 断电释放；再按下 SB12，接触器 KM1 断电释放 试车完毕后，断开电源开关，从端子排上取下电源的两根相线，注意通电期间不可以直接或间接触碰任何带电体
3	主电路的安装与调试	3-1　根据电路图和接线图，写出主电路所需线号	根据图 5-1 写出主电路所需线号（具体线号及各线号的数量）： ＿＿＿＿＿＿＿＿＿＿＿＿＿＿＿＿＿＿＿＿＿＿＿＿＿＿＿＿＿
		3-2　根据电路图和接线图，将写好的线号贴到对应器件的对应触点旁	贴号时的注意事项与本表步骤 2-2 一致
		3-3　根据电路图和接线图，进行接线	接线原则和接线方法与本表步骤 2-3 一致
		3-4　结合电路图核对接线	接线核对方法与本表步骤 2-4 一致
		3-5　使用万用表对电路进行基本检测	根据表 5-2 "第三步：主电路检测" 对主电路 KM1 和 KM2 未压合、压合共四种状态进行检测，并记录相关数据，若估算理论值与测量值相近（一致），则说明电路基本正常 为防止出现电源线接错导致电源短路故障，建议根据表 5-2 "第四步：防短路检测" 进行检测
		3-6　通电试车	将电动机定子绕组按电动机自身铭牌要求接成指定形式后，再分别将两台电动机的 U1、V1 和 W1 分别接入端子排上的 1U、1V、1W 和 2U、2V、2W（根据电动机的额定电流整定好热继电器的整定电流：一般整定电流为被保护电动机额定电流的 0.95～1.05 倍），将电源的三根相线接到端子排的 L1、L2 和 L3 上，闭合电源开关： 1）按下 SB11，接触器 KM1 得电吸合，电动机 M1 起动；再按下 SB21，接触器 KM2 得电吸合，电动机 M2 起动 2）先按下 SB22，接触器 KM2 断电释放，电动机 M2 停止，再按下 SB12，接触器 KM1 断电释放，电动机 M1 停止 试车完毕后，断开电源开关，从端子排上取下电源的三根相线，注意通电期间不可以直接或间接触碰任何带电体

3．参考检测方法

表 5-2 为两台电动机顺起逆停手动控制电路的参考检测方法，主要包括器件检查、控制电路检测、主电路检测和防短路测试四部分。其中，器件检查阶段记录的线圈电阻值是为了后期推算理论值，以便判断测量值是否正确；控制电路检测主要检测起停功能是否正常，先根据器件检查阶段的测量值计算理论值，再将测量值与理论值对比，如基本一致则说明电路正常，如差别较大则需检查电路；主电路检测主要检测接触器主触点闭合时相关电路是否处于接通状态。表 5-2 中部分测试功能的操作方法未给出，请根据图 5-1 自行完成。

注意：整个检查阶段不接入电源、不接入电动机、电源开关已闭合。

表 5-2　两台电动机顺起逆停手动控制电路的参考检测方法

第一步：器件检查		
万用表档位	KM1 线圈电阻测量值	KM2 线圈电阻测量值
指针式 $R\times100$		

第二步：控制电路检测				
万用表档位	指针式 $R\times100$			
测试点	万用表两表笔分别放置在控制电路电源线上（如图 5-1 中的 L1 和 L2）			
序号	测试功能	操作方法	理论电阻值	测量电阻值
1	未起动状态检测	无须操作		
2	KM1 起动与停止检测			
3	KM1 自锁与停止检测			
4	KM2 的顺序起动与停止检测	未压合 KM1，按下起动按钮 SB21		
		压合 KM1，按下起动按钮 SB21		
		压合 KM1，同时按下起动按钮 SB21 和停止按钮 SB22		
5	KM2 的自锁、停止与逆序停止检测	压合 KM1 和 KM2		
		压合 KM1 和 KM2，同时按下停止按钮 SB12		
		压合 KM1 和 KM2，同时按下停止按钮 SB22		

第三步：主电路检测			
万用表档位	指针式 $R\times1$		
序号	操作方法	测试点	理论电阻值	测量电阻值
1	未压合 KM1	L1-1U		
		L2-1V		
		L3-1W		
2	压合 KM1	L1-1U		
		L2-1V		
		L3-1W		
3	未压合 KM2	L1-2U		
		L2-2V		
		L3-2W		
4	压合 KM2	L1-2U		
		L2-2V		
		L3-2W		

（续）

第四步：防短路检测
以上参考检测方法建立在接线正确的情况下，为保证安全，建议增加防短路检测。在未接入电源、闭合电源开关、未接入电动机的前提下，具体方法如下： 1）不压合 KM1 和 KM2，L1、L2、L3 三根电源线间两两检测，电阻值都应为无穷大 2）压合 KM1 和 KM2，L1、L2、L3 三根电源线间两两检测，除 L1-L2 间会测得线圈电阻值以外，测得的另两个电阻值应为无穷大

【任务评价】

在完成电路安装与调试任务以后，请根据附录 A 进行任务评分，并对完成本任务过程中遇到的问题进行总结。

【任务拓展】

1. 顺序控制电路的故障分析

前面的任务中已经提供了几种典型电路的常见故障现象及检测方法，从本任务开始尝试自主分析故障原因及检测范围，并完成表 5-3。分析前提条件：电路安装正确且故障点只有一处。

表 5-3　顺序控制电路的故障分析

序　号	故障现象	分析原因	故障范围
1	按下任何按钮，电路都没有动作		
2	按下 SB11，接触器 KM1 得电，但电动机 M1 未运转，其他功能都正常		
3	电动机 M1 起动后，按下 SB21，接触器 KM2 线圈不得电		

2. 两节传送带控制电路的设计

现有一两节传送带控制电路需要进行设计（只需画出电路图），两节传送带分别由两台三相笼型异步电动机 M1 和 M2 进行拖动，具体要求如下：

1）起动要求：按下 SB1，M1 起动；M1 起动后按下 SB2，M2 才能起动。

2）停止要求：按下 SB4，M2 停止；M2 停止后按下 SB3，M1 才能停止。

看到以上控制要求，很容易想到本任务介绍的安装与调试电路，该环节提出该问题的目的是让读者可以从电路设计角度进行学习，具体设计过程如下：

1）在项目 2 中提过连续正转控制电路是最基础的电路，所以在具体设计之前可以先画出连续正转控制电路，如图 5-7 所示。

2）该控制要求中对于两台电动机的运行没有特殊要求，可以先画出两台电动机的独立起停控制电路，即两组连续正转控制电路，需要注意在传送带控制要求中明确 SB1 和 SB3 分别控制电动机 M1 的起动和停止，SB2 和 SB4 分别控制电动机 M2 的起动和停止，如图 5-8 所示。

3）顺序起动的实现方法在任务咨询阶段已经给出，要实现顺序起动，需要将先起动接触器的辅助常开触点串联到后起动接触器的起动按钮之后，控制要求提出 M1 先起动、M2 后起动，因此将控制 M1 的 KM1 的辅助常开触点串联到起动按钮 SB2 之后，如图 5-9 所示，图中 KM1 辅助常开触点添加位置与图 5-1 有区别，但实现的效果一致，编者认为图 5-9 的添加方式应用范围更广（该方式在 KM2 起动后，KM1 的运行情况不会再对 KM2 造成影响）。

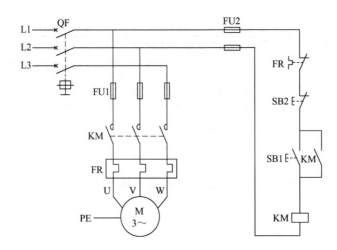

图 5-7 单台电动机连续正转控制电路

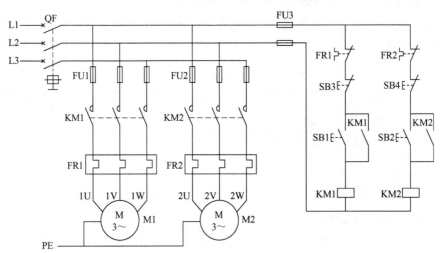

图 5-8 两台电动机连续正转独立起停控制电路

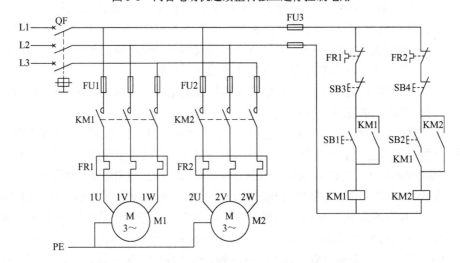

图 5-9 两台电动机顺序起动独立停止控制电路

4）顺序停止的实现方法在任务咨询阶段已经给出，要实现顺序停止，需要将先停止接触器的辅助常开触点并联在后停止接触器的停止按钮两端，控制要求提出 M2 先停止、M1 后停止，因此将控制 M2 的 KM2 的辅助常开触点并联在停止按钮 SB3 两端，如图 5-10 所示。

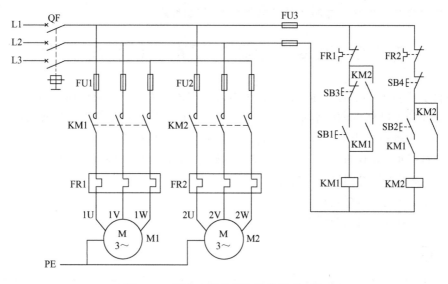

图 5-10　两台电动机顺起逆停控制电路

5）任何一台电动机发生过载都说明设备已存在问题，因此需要做到任何一台电动机发生过载时，两台电动机都要立即停止，处理方法为将两个热继电器的常闭触点串联到电源线上，如图 5-11 所示。

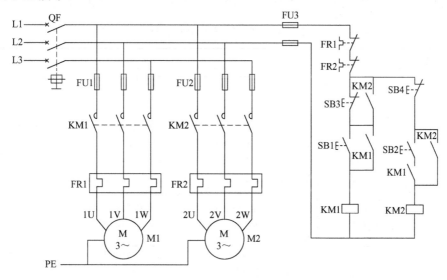

图 5-11　两节传送带顺起逆停控制电路

 思考题

现有一套两节传送带控制设备需要进行电路设计，每节传送带各由一台三相笼型异步电动机进行拖动，电动机参数为额定电压 380V，额定功率 5kW，具体控制要求如下：

1）按下 SB1，传送带 1 起动；传送带 1 起动后按下 SB2，传送带 2 才能起动。

2）按下 SB3，传送带 1 停止；传送带 1 停止后按下 SB4，传送带 2 才能停止。

3）有必要的保护装置。

请设计出该控制电路，并写出热继电器的整定电流值。

任务 2　时间继电器的识别、检测与安装

在项目 1 任务 5 中已对热继电器进行了学习与训练。为了可以更好地学习本课程的后续知识，并为完成后续任务做好准备，本任务主要对时间继电器进行学习，要求对教学工位中现有的时间继电器进行识别、检测与安装，并掌握以下知识技能：

1）掌握时间继电器的结构、动作原理，正确绘制时间继电器的电气符号。

2）能正确识别与检测时间继电器。

3）能正确安装时间继电器。

4）了解时间继电器的选用方法。

【任务咨询】

时间继电器是电气控制系统中一种非常重要的器件，在许多控制系统中，需要使用时间继电器来实现延时控制。时间继电器是一种利用电磁原理或机械动作原理来延迟触点闭合或分断的自动控制电器。其特点是自吸引线圈得到信号起至触点动作中间有一段延时。时间继电器的种类有很多，常见分类见表 5-4。在电力拖动控制电路中，应用较多的是空气阻尼式时间继电器和电子式时间继电器，本任务主要针对空气阻尼式时间继电器进行介绍。

表 5-4　时间继电器的常见分类

序　号	分类依据	常见分类	说　　明
1	工作原理	空气阻尼式时间继电器	又称气囊式时间继电器，利用空气通过小孔时产生阻尼的原理获得延时 特点：延时范围宽（0.4～180s），结构简单，价格低，使用寿命长，但整定精度往往较差，只适用于一般场合
		电子式时间继电器	又称晶体管式时间继电器或半导体时间继电器，利用 RC 电路中电容电压不能跃变，只能按指数规律逐渐变化的原理（即电阻尼特性）获得延时 特点：延时范围宽（最长可达 3600s），精度高（一般为 5%左右），体积小，耐冲击振动，调节方便
		电动式时间继电器	利用微型同步电动机带动减速齿轮系获得延时 特点：延时范围宽（可达 72h），延时精度可达 1%，延时值不受电压波动和环境温度变化的影响；缺点是结构复杂、体积大、寿命低、价格高，精度受电源频率影响
		电磁式时间继电器	利用电磁线圈断电后磁通缓慢衰减使电磁系统的衔铁延时释放而获得触点延时动作的原理而制成 特点：触点容量大，故控制容量大，但延时时间范围小，精度稍差，主要用于直流电路的控制
2	延时方式	通电延时型时间继电器	在获得输入信号后立即开始延时，需待延时完毕后，其执行部分才输出信号以操纵控制电路；当输入信号消失后，继电器立即恢复到动作前的状态
		断电延时型时间继电器	当获得输入信号后，执行部分立即有输出信号；而在输入信号消失后，继电器却需要经过一定的延时才能恢复到动作前的状态

1．结构与工作原理

图 5-12 所示为 JS7-A 系列空气阻尼式时间继电器外观及结构，其主要由电磁系统、延时机构和触点系统三部分组成，电磁系统为直动式双 E 形电磁铁，延时机构采用气囊式阻尼器，触点系统借用 LX5 型微动开关，包括两对瞬时触点（1 常开，1 常闭）和两对延时触点（1 常开，1 常闭）。根据触点延时的特点，时间继电器可分为通电延时动作型和断电延时复位型两种，其中通电延时型时间继电器在教学中使用较多，其具体结构如图 5-13 所示。

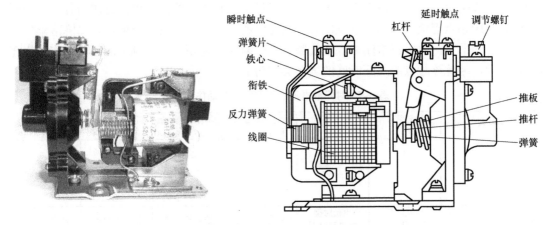

图 5-12　JS7-A 系列空气阻尼式时间继电器外观及结构

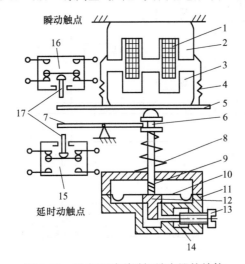

图 5-13　通电延时型时间继电器的结构

1—线圈　2—静铁心　3—衔铁　4—反力弹簧　5—推板　6—活塞杆　7—杠杆　8—塔形弹簧　9—弱弹簧　10—橡皮膜
11—空气室壁　12—活塞　13—调节螺钉　14—进气孔　15—微动开关（延时）　16—微动开关（不延时）17—微动按钮

空气阻尼式通电延时型时间继电器工作原理：当线圈通电后，电磁系统活动衔铁克服反力弹簧的阻尼，与静铁心吸合，释放空间，活塞杆在塔形弹簧作用下向上移动，空气由进气孔进入气囊。经过一段时间后，活塞杆完成全部行程，通过杠杆压动微动开关，使常闭触点延时断开，常开触点延时闭合。当线圈失电后，电磁系统活动衔铁在反力弹簧作用下压缩塔形弹簧，同时推动活塞杆向下移动至下限位，杠杆随之运动，使微动开关瞬时复位，常开触点瞬时断开，常闭触点瞬时闭合。

2．电气符号、型号及含义

时间继电器的电气符号种类较多，主要分为通电延时型和断电延时型两组，详见表5-5，本表以触点名称和符号为基础，给出匹配的时间继电器类型、匹配的线圈符号、线圈得电动作效果和线圈断电动作效果。其中，瞬时触点的动作易于理解，与接触器的触点动作相似，延时触点的动作相对复杂一点，建议借用"降落伞"进行理解。以表5-5中第三个触点为例，自身为常闭触点，当线圈得电时，常闭触点应该"向右"分断，但其左侧的"降落伞"突出点向左，"降落伞"产生"向左"的阻力，所以该常闭触点在线圈得电时延时断开；当线圈失电时，常闭触点应该"向左"恢复闭合，其左侧的"降落伞"突出点向左，"降落伞"产生"向左"的助力，所以该常闭触点在线圈失电时瞬时恢复闭合；该触点的延时动作发生在线圈得电后，因此该触点的匹配时间继电器类型为通电延时型。

表5-5　时间继电器的电气符号及动作说明

触点名称	瞬时常开触点	瞬时常闭触点	通电延时断开的常闭触点	通电延时闭合的常开触点	断电延时闭合的常闭触点	断电延时断开的常开触点
触点符号	KT	KT	KT	KT	KT	KT
匹配的时间继电器类型	通电延时型、断电延时型	通电延时型、断电延时型	通电延时型	通电延时型	断电延时型	断电延时型
匹配的线圈符号	KT / KT	KT / KT	KT	KT	KT	KT
线圈得电动作效果	瞬时闭合	瞬时断开	延时断开	延时闭合	瞬时断开	瞬时闭合
线圈断电动作效果	瞬时断开	瞬时闭合	瞬时闭合	瞬时断开	延时闭合	延时断开

时间继电器（以常见阻尼式时间继电器JS7-A系列为例）的型号含义如下：

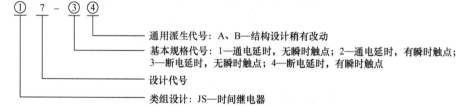

① 7 - ③ ④

- 通用派生代号：A、B—结构设计稍有改动
- 基本规格代号：1—通电延时，无瞬时触点；2—通电延时，有瞬时触点；3—断电延时，无瞬时触点；4—断电延时，有瞬时触点
- 设计代号
- 类组设计：JS—时间继电器

例如，JS7-3B表示断电延时型时间继电器、无瞬时触点、设计序号为7、结构设计稍有改动。时间继电器还有许多其他系列（如JS17、JS20系列等），具体使用时请自行查找相关的技术手册。表5-6为JS7-A等系列时间继电器的主要技术参数。

3．选用方法

时间继电器的选用主要考虑延时方式和参数配合，选用时主要考虑以下几点：

1）延时方式的选择。时间继电器有通电延时和断电延时两种，应根据控制电路的要求选用。

表 5-6　JS7–A 等系列时间继电器的主要技术参数

型　号	瞬时触点		延时触点				触点额定电压/V	触点额定电流/A	线圈电压/V	延时范围/s	额定操作频率/(次/h)
			通电延时		断电延时						
	常开	常闭	常开	常闭	常开	常闭					
JS7-1A	—	—	1	1			380	5	50Hz：36、110、127、220、380 60Hz：36、110、127、220、380、440	0.4～60 0.4～180	600
JS7-2A	1	1	1	1	—	—					
JS7-3A	—	—	—	—	1	1					
JS7-4A	1	1	—	—	1	1					
JS7-1B	—	—	1	1	—	—					
JS7-2B	1	1	1	1	—	—					
JS7-3B	—	—	—	—	1	1					
JS7-4B	1	1	—	—	1	1					
JSK1-1	—	—	1	1	—	—			50Hz：36、110、127、220、380		
JSK1-2	1	1	1	1	—	—					
JSK1-3	—	—	—	—	1	1					
JSK1-4	1	1	—	—	1	1					
JSK2-1	—	—	1	1	—	—			50Hz：12、36、110、127、220、380		
JSK2-2	1	1	1	1	—	—					
JSK2-3	—	—	—	—	1	1					
JSK2-4	1	1	—	—	1	1					

2）类型选择。对于延时精度要求不高的场合，一般采用价格较低的电磁式或空气阻尼式时间继电器；反之，对于延时精度要求较高的场合，可采用电子式时间继电器。

3）线圈电压选择。根据控制电路电压选择时间继电器吸引线圈的电压。

4）电源参数变化的选择。在电源电压波动较大的场合，采用空气阻尼式或电动式时间继电器比采用晶体管式时间继电器好；在电源频率波动较大的场合，不宜采用电动式时间继电器；在温度变化较大的场合，不宜采用空气阻尼式时间继电器。

【任务决策与实施】

1．时间继电器的检测

以通电延时型时间继电器为例，断电延时型时间继电器仅在延时触点动作上有所不同，请自行思考：

1）查看时间继电器外观是否完好，动作是否灵敏，使用螺钉旋具检测各接线点是否可以紧固。

2）线圈检测：用万用表 $R \times 100$ 档测试线圈电阻，此处可参考交流接触器的线圈检测，220V 线圈参考电阻值为 600Ω，380V 线圈参考电阻值为 1500Ω。

3）触点检测：用万用表最小电阻档，参考表 5-7 进行检测。

4）线圈通入额定电压后的相关检测：

① 电磁系统没有噪声。

② 用万用表最小电阻档测量瞬时触点与延时触点，结果应与表 5-7 中"压合时间继电器动静铁心"测试结果一致（注意不可触碰线圈，因为此刻线圈处于通电状态）。

表 5-7 通电延时型时间继电器触点检测

操作方法	测试对象	测试结果
未压合时间继电器动静铁心	瞬时常开触点	电阻趋向于无穷大
	瞬时常闭触点	电阻趋向于零
	通电延时断开的常闭触点	电阻趋向于零
	通电延时闭合的常开触点	电阻趋向于无穷大
压合时间继电器动静铁心	瞬时常开触点	电阻趋向于零
	瞬时常闭触点	电阻趋向于无穷大
	通电延时断开的常闭触点	初始电阻趋向于零，计时完成后电阻趋向于无穷大
	通电延时闭合的常开触点	初始电阻趋向于无穷大，计时完成后电阻趋向于零

2. 时间继电器的安装与使用

1）时间继电器必须按照产品说明书中规定的方式安装。无论是通电延时型时间继电器还是断电延时型时间继电器，都必须使继电器在断电释放时衔铁的运动方向垂直向下，其倾斜度不得超过5°。

2）时间继电器的整定值应预先在不通电时整定好，并在试车时校正。

3）时间继电器金属底板上的接地螺钉必须与接地线可靠连接。

4）通电延时和断电延时可在整定时间内自行调换。

5）使用时应经常清除灰尘和油污，否则延时误差将增大。

6）使用前检查电源电压与频率是否与时间继电器的额定电压与频率相符。

7）尽量避免在振动明显、阳光直射、潮湿及接触油的场合使用。

参考以上提供的检测、安装与使用方法对本工位的所有时间继电器进行检查，确定性能好坏。对性能存在问题的时间继电器应及时维护或更换，填写表5-8，并将性能完好的时间继电器安装到网孔板上。

表 5-8 时间继电器检查记录表

序　号	型　号	部件名称	测试结果（测试值）	处理办法

【任务评价】

针对学生完成任务情况进行评价，建议对以下三个评价点进行评价：

1）规定时间内完成本工位的时间继电器检查，并按要求安装在网孔板上。

2）时间继电器的作用、电气符号和检测方法是否掌握。

3）随机指出某时间继电器的一对触点，可正确画出其电气符号。

【任务拓展】

空气阻尼式时间继电器的部分常见故障及处理方法见表5-9。

表 5-9　空气阻尼式时间继电器的部分常见故障及处理方法

故障现象	产生原因	处理方法
动作延时缩短或不延时	空气密封不严或漏气	重新装配；检查漏气地方进行密封处理
线圈损坏或烧毁	空气中含粉尘、油污、水蒸气或腐蚀性气体，以致绝缘损坏	更换线圈，必要时还要涂覆特殊绝缘漆
	线圈内部断线	重绕或更换线圈
	线圈匝间短路	更换线圈
	线圈在过电压或欠电压下运行而电流过大	检查并调整线圈的电源电压
动作时间过长	进气通道堵塞	清理进气通道
线圈过热或衔铁噪声大	衔铁与铁心接触面接触不良或衔铁歪斜	清洗接触面的油污及杂质，调整衔铁接触面
	短路环损坏	更换短路环
	弹簧压力过大	调整弹簧压力，排除机械卡阻

　思考题

断电延时型时间继电器的结构（如图 5-12 所示）与通电延时型时间继电器有何不同？如何将通电延时型时间继电器改造为断电延时型时间继电器？

任务 3　时间原则自动控制电路的安装与调试

根据图 5-14 完成两台电动机顺序起动时间原则自动控制电路的安装与调试任务，并掌握以下知识技能：

1）时间原则自动起动控制的实现方法。

2）两台电动机顺序起动时间原则自动控制电路工作原理的分析方法。

3）两台电动机顺序起动时间原则自动控制电路的安装与调试方法。

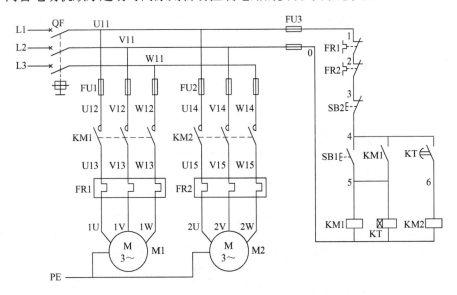

图 5-14　两台电动机顺序起动时间原则自动控制电路图

【任务咨询】

1．顺序起动时间原则自动控制电路的工作原理分析

在顺序控制中引入时间继电器，可以提高控制电路的自动化程度，图 5-14 中引入了时间继电器来实现自动顺序起动，可以减少需要人为起动的操作次数，该控制电路的具体工作原理如下：

1）合上电源开关 QF

2）起动：按下 SB1 ┬→ KM1 线圈得电 ┬→ KM1 主触点闭合 ─────────┬→ 电动机 M1 得电连续运转
　　　　　　　　　　　　　　　　　└→ KM1 辅助常开触点闭合，自锁 ─┘
　　　　　　　　└→ KT 线圈得电 ──计时时间到(如5s)──→ KT 通电延时闭合的常开触点闭合 →①

①──→ KM2 线圈得电 ──→ KM2 主触点闭合 ──→ 电动机 M2 得电运转

3）停止：按下 SB2，控制电路失电，两台电动机都停止运转

2．时间原则自动起动控制的实现方法

时间原则自动起动控制，即计时时间完成后设备可自动起动，延时起动信号由时间继电器的通电延时触点提供。结合起动的实现方法，要实现时间原则自动起动控制，需要将时间继电器的通电延时闭合的常开触点串联到被起动元件的线圈上方，如图 5-15 所示（未画出其余保护、控制部分电路）。

【任务决策与实施】

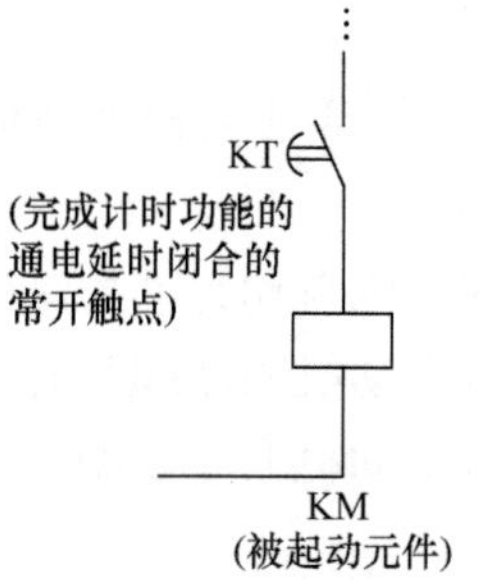

1．工作前准备

1）穿戴好劳动防护用品。

2）清点器件、仪表、电工工具，并摆放整齐。

3）根据图 5-14 绘制布置图和接线图。

4）写出通电试车调试步骤（即如何操作、接触器如何动作、电动机如何运行）。

KT
(完成计时功能的
通电延时闭合的
常开触点)

KM
(被起动元件)

图 5-15　时间原则自动起动控制的实现方法

2．安装与调试步骤

两台电动机顺序起动时间原则自动控制电路的安装与调试步骤见表 5-10，表中"具体执行及需记录内容"并不完整，缺失部分请自行补齐。

表 5-10　两台电动机顺序起动时间原则自动控制电路的安装与调试步骤

序 号	环 节	步 骤	具体执行及需记录内容
1	器件的检测与安装	1-1　根据电路图选择电气器件	根据图 5-14 写出所需电气器件： _____
		1-2　检测待用电气器件性能并记录必要的测试值	根据项目 1 任务 1~5 及本项目任务 2 的器件检测方法对已选出的器件进行检测，确保器件性能正常，对时间继电器 KT 进行初步时间设定（如 5s），并将 KM1、KM2、KT 的线圈电阻值记入表 5-11 "第一步：器件检查"中，便于后期的电路检测计算
		1-3　将各电气器件的符号贴在对应的器件上	根据图 5-14 在贴纸上写好器件的符号： _____ 将写好的贴纸贴到对应的器件上，确保贴号清晰可见且不影响后续操作

（续）

序　号	环　节	步　　骤	具体执行及需记录内容
1	器件的检测与安装	1-4　根据已绘制好的布置图在网孔板上安装需要使用的各电气器件	根据图 5-14 绘制好布置图并进行器件安装，注意： 1）实际安装位置应与布置图一致 2）器件应安装整齐、牢固（器件固定用安装孔应全部安装，至少也需要保证对角安装） 3）安装时避免出现螺钉不正或用力过大，以免损伤器件固定用安装孔
2	控制电路的安装与调试	2-1　根据电路图和接线图，写出控制电路所需线号	根据图 5-14 写出控制电路所需线号（具体线号及各线号的数量）： _____
		2-2　根据电路图和接线图，将写好的线号贴到对应器件的对应触点旁	贴号时应注意以下几点： 1）贴号时注意不要贴错触点，如常开触点与常闭触点不要贴错 2）尽量选择统一方法（如都在触点正上方）进行贴号，这样可尽量减少出错可能，如一个电路中部分贴左侧、部分贴右侧，就可能出现安装中突然分不清所贴线号到底属于哪一对触点的情况 3）贴号时注意所选位置尽量避免安装时可能会被反复碰到的位置，以免线号被碰掉或者影响安装，如贴到螺钉正上方，就会出现影响安装的情况
		2-3　根据电路图和接线图进行接线	接线原则：所有相同的线号需要用导线连接到一起（导线连接好后使用万用表测量，任意两个同号点之间应为导通状态），还需注意，一般情况下一根导线两端线号一定相同 达到以上原则的接线方法很多，此处建议初学者每次将同一个线号全部接线完后再进行下一个线号的接线
		2-4　结合电路图核对接线	结合图 5-14 对电路中已接线线号依次进行检查核对
		2-5　使用万用表对电路进行基本检测	根据表 5-11 "第二步：控制电路检测" 对控制电路进行未起动状态检测，KM1 和 KM2 的起动与停止检测，KM1 自锁与停止检测，并记录相关数据，根据器件检查记录估算理论值，若理论值与测量值相近（一致），则说明电路基本正常
		2-6　通电试车	将电源的两根相线接到端子排的 L1 和 L2 上，闭合电源开关： 1）按下 SB1，接触器 KM1 得电吸合，KT 得电吸合 2）定时时间（如 5s，注意校准定时器计时时间）计时完成，接触器 KM2 得电吸合 3）按下 SB2，KM1、KM2、KT 断电释放 试车完毕后，断开电源开关，从端子排上取下电源的两根相线，注意通电期间不可以直接或间接触碰任何带电体
3	主电路的安装与调试	3-1　根据电路图和接线图，写出主电路所需线号	根据图 5-14 写出主电路所需线号（具体线号及各线号的数量）： _____
		3-2　根据电路图和接线图，将写好的线号贴到对应器件的对应触点旁	贴号时的注意事项与本表步骤 2-2 一致
		3-3　根据电路图和接线图，进行接线	接线原则和接线方法与本表步骤 2-3 一致
		3-4　结合电路图核对接线	接线核对方法与本表步骤 2-4 一致
		3-5　使用万用表对电路进行基本检测	根据任务 1 表 5-2 "第三步：主电路检测" 对主电路 KM1 和 KM2 未压合、压合共四种状态进行检测，并记录相关数据，若估算理论值与测量值相近（一致），则说明电路基本正常 为防止出现电源线接错导致电源短路故障，建议根据任务 1 表 5-2 "第四步：防短路检测" 进行检测

（续）

序号	环节	步骤	具体执行及需记录内容
3	主电路的安装与调试	3-6　通电试车	将电动机定子绕组按电动机自身铭牌要求接成指定形式后，再分别将两台电动机的 U1、V1 和 W1 分别接入端子排上的 1U、1V、1W 和 2U、2V、2W（根据电动机的额定电流整定好热继电器的整定电流：一般整定电流为被保护电动机额定电流的 0.95～1.05 倍），将电源的三根相线接到端子排的 L1、L2 和 L3 上，闭合电源开关： 1）按下 SB1，接触器 KM1 得电吸合（电动机 M1 起动），KT 得电吸合 2）定时时间（如 5s，注意校准定时器计时时间）计时完成，接触器 KM2 得电吸合（电动机 M2 起动） 3）按下 SB2，KM1、KM2、KT 断电释放，电动机 M1 和 M2 惯性运转一段时间后停止 试车完毕后，断开电源开关，从端子排上取下电源的三根相线，注意通电期间不可以直接或间接触碰任何带电体

3．参考检测方法

表 5-11 为两台电动机顺序起动时间原则自动控制电路的参考检测方法，主要包括器件检查和控制电路检测两部分，主电路检测和防短路检测两部分与任务 1 重合（见表 5-2）。其中，器件检查阶段记录的线圈电阻值是为了后期推算理论值，以便判断测量值是否正确；控制电路检测主要检测起停功能是否正常，先根据器件检查阶段的测量值计算理论值，再将测量值与理论值对比，如基本一致则说明电路正常，如差别较大则需检查电路；主电路检测主要检测接触器主触点闭合时相关电路应处于接通状态。表 5-11 中部分测试功能的操作方法未给出，请根据图 5-14 自行完成。

注意：整个检查阶段不接入电源、不接入电动机、电源开关已闭合。

表 5-11　两台电动机顺序起动时间原则自动控制电路的参考检测方法

第一步：器件检查			
万用表档位	KM1 线圈电阻测量值	KM2 线圈电阻测量值	KT 线圈电阻测量值
指针式 $R×100$			

第二步：控制电路检测				
万用表档位	指针式 $R×100$			
测试点	万用表两表笔分别放置在控制电路电源线上（如图 5-14 中的 L1 和 L2）			
序号	测试功能	操作方法	理论电阻值	测量电阻值
1	未起动状态检测	无须操作		
2	KM1 起动与停止检测			
3	KM1 自锁与停止检测			
4	KM2 的起动与停止检测	压合 KT（刚压合）		
		压合 KT（计时完成）		
		压合 KT，同时按下停止按钮 SB2		

【任务评价】

在完成电路的安装与调试任务以后，请根据附录 A 进行任务评分，并对完成本任务过程中遇到的问题进行总结。

【任务拓展】

1．两台电动机顺序起动时间原则自动控制电路的故障分析

请根据故障现象分析故障原因及故障范围，并完成表 5-12。分析前提条件：电路安装正确且故障点只有一处。

表 5-12 两台电动机顺序起动时间原则自动控制电路的故障分析

序号	故障现象	分析原因	故障范围
1	按下 SB1，电动机 M1 可以起动，定时时间到后，电动机 M2 未自动起动（KM2 未得电）		
2	控制电路接触器线圈正常得电，但两台电动机都未运转		

2．两节传送带控制电路的设计

现有一两节传送带控制电路需要进行设计（只需画出电路图），两节传送带分别由两台三相笼型异步电动机 M1 和 M2 进行拖动，具体要求如下：

1) 起动要求：按下 SB1，M1 起动；5s 后 M2 自动起动。

2) 停止要求：按下 SB2，M2 停止；5s 后 M1 自动停止。

详细的电路设计思路将在项目 10 中进行讲解，本控制电路的设计思路大致可分为以下几步：

1) 根据控制要求设计主电路，主电路与前文顺序控制主电路基本一致，即主电路两台电动机的起动和停止互不相关。

2) 先详细分析每条控制要求，再逐条实现控制功能，每实现一个控制功能，建议复核已实现功能有无受干扰，该控制电路的功能详细分析如下：

① 按下 SB1，M1 起动→按下 SB1，起动 KM1，需自锁。

② M1 起动，5s 后 M2 自动起动→KM1 线圈得电的同时，KT1（通电延时型）线圈得电开始计时，计时时间到，KT1 通电延时闭合常开触点闭合，KM2 线圈得电自锁，M2 起动。

③ 按下 SB2，M2 停止；5s 后 M1 自动停止→按下 SB2，KT2（通电延时型）线圈得电，KT2 瞬时常闭触点先断开。KM2 线圈失电，M2 停止，KT2 瞬时常开触点后闭合，实现自锁，KT2 开始计时，计时时间后，KT2 通电延时断开的常闭触点断开，KM1 线圈失电，KT1 和 KT2 线圈失电。

图 5-16 所示电路图为满足该控制要求的一种设计思路，KT1 和 KT2 定时时间为 5s。该电路工作过程：按下 SB1，KM1 线圈得电，电动机 M1 运转，同时 KT1 线圈得电，计时 5s 后 KM2 线圈得电，电动机 M2 起动；按下 SB2，KM2 线圈失电，电动机 M2 停转，KT2 计时 5s 后，KM1 线圈失电，KT1 和 KT2 线圈失电，电动机 M1 停转。

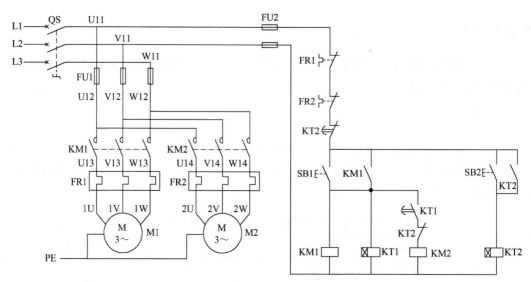

图 5-16　两节传送带顺起逆停自动控制电路图

思考题

图 5-16 的总体实现功能没有问题，但是 KT1 一旦得电，将长时间处于得电状态，若想进一步节约电能，可如何优化该电路？

习　　题

1. 什么是顺序控制？顺序控制的实现途径有哪些？

2. 简述顺序起动的实现方法。

3. 请分析图 5-17 中三个控制电路能否实现"先起动 KM1，才能起动 KM2"的控制要求，若不能，请说明其控制效果，并更正电路。

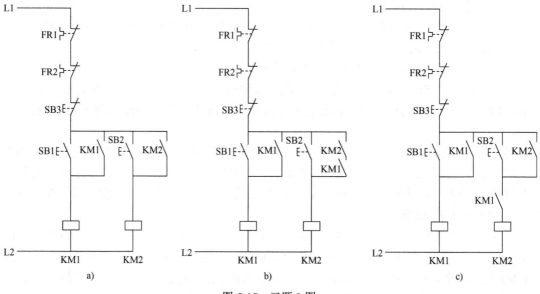

图 5-17　习题 3 图

4．简述顺序停止的实现方法。

5．请分析图 5-18 中三个控制电路能否实现"先停止 KM1，才能停止 KM2"的控制要求，若不能，请说明其控制效果，并更正电路。

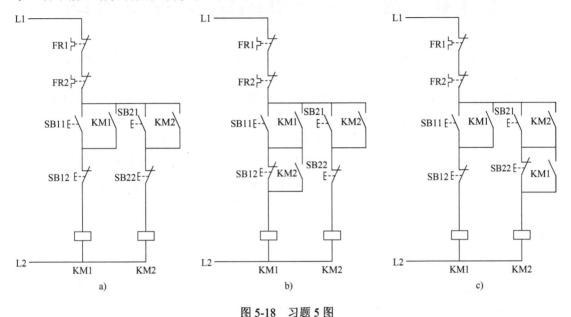

图 5-18　习题 5 图

6．某机床内有两台电动机，要求先起动 M1，才能起动 M2；先停止 M1，才能停止 M2，请设计其控制电路图。

7．某机床，要求在加工前先给机床提供液压油，对机床床身导轨进行润滑，这就要求先起动液压泵电动机后才能起动机床工作台的拖动电动机；当机床停止时要求先停止工作台拖动电动机，才能让液压泵电动机停止。起停操作采用按钮控制，请设计其控制电路图。

8．请分析图 5-19 中三个控制电路实现的控制功能，主电路默认几台电动机起停相互独立。

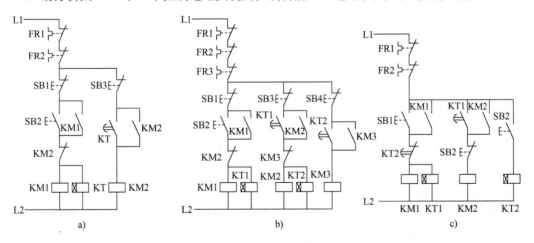

图 5-19　习题 8 图

项目 6　两地控制电路的安装与调试

在很多机床设备中，为了使工作人员操作方便，设备的起停等操作开关可能不止一组，例如，操作人员在某设备控制柜可操作设备起停，在设备操作台也可以操作设备起停，这就需要引入多地控制。生活中常见的多地控制就是卧室的灯，进门处有一个开关，在床头处也有一个开关，这样可以方便操作。

能在两地或多地控制同一台电动机的控制方式称为电动机的多地控制。

很多生产机械（如车床、铣床等）为便于操作人员操作，在设备两个位置上分别安装有起停按钮，即两地控制。本项目主要将三相笼型异步电动机接触器联锁正反转控制电路和双重联锁正反转控制电路改为两地控制，并进行安装与调试。

学习目标

通过本项目的学习与训练，应达到以下目标：

1）掌握多地控制的实现方法。

2）能正确地将任意单地控制电路改为多地控制电路。

3）掌握多地控制电路的安装与调试方法。

任务 1　接触器联锁正反转两地控制电路的改造与装调

将三相笼型异步电动机接触器联锁正反转控制电路改为两地控制电路，并进行安装与调试，应掌握以下知识技能：

1）多地控制的实现方法。

2）多地控制电路的改造方法。

3）多地控制电路的安装与调试方法。

【任务咨询】

图 6-1 所示为三相笼型异步电动机连续正转控制电路，又称之为具有过载保护的接触器自锁正转控制电路，该电路与之前学习的电路的不同之处在于起动按钮和停止按钮都有两个，实现的是两地控制。其中，SB11 和 SB12 为安装在甲地的起动按钮和停止按钮，SB21 和 SB22 为安装在乙地的起动按钮和停止按钮，按下 SB11 和 SB21 都可以使 KM 线圈得电，按下 SB12 和 SB22 都可以使控制电路失电。

图 6-1 所示电路的特点：两地的起动按钮 SB11 和 SB21 并联在一起，停止按钮 SB12 和 SB22 串联在一起。这样就可以实现分别在甲、乙两地起动和停止同一台电动机，达到操作方便的目的。所以多地控制的实现方法总结如下：

1）起动按钮（即常开按钮）：两端并联（见图 6-1 中 SB11 和 SB21）。

2）停止按钮（即常闭按钮）：依次串联（见图 6-1 中 SB12 和 SB22）。

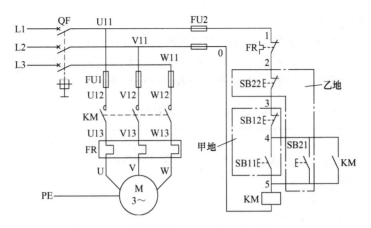

图 6-1　三相笼型异步电动机连续正转控制电路图

【任务决策与实施】

1. 三相笼型异步电动机接触器联锁正反转控制电路的改造

要将三相笼型异步电动机接触器联锁正反转控制电路改造为两地控制，首先要画出三相笼型异步电动机接触器联锁正反转控制电路图，之后再使用"起动按钮（即常开按钮）两端并联，停止按钮（即常闭按钮）依次串联"的方法将原电路图改造为两地控制电路图，如图 6-2 所示。

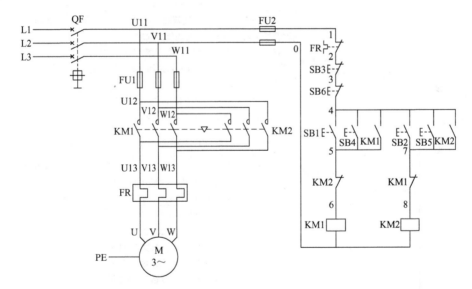

图 6-2　三相笼型异步电动机接触器联锁正反转控制电路的两地控制电路图

2. 工作前准备

1）穿戴好劳动防护用品。

2）清点器件、仪表、电工工具，并摆放整齐。

3）根据图 6-2 绘制布置图和接线图。

4）写出通电试车调试步骤（即如何操作、接触器如何动作、电动机如何运行）。

继电控制系统分析与装调

3. 安装与调试步骤

三相笼型异步电动机接触器联锁正反转两地控制电路的安装与调试步骤见表 6-1，表中"具体执行及需记录内容"并不完整，缺失部分请自行补齐（注意：从本项目开始将不再使用贴纸进行标号，改用电气控制电路中使用较多的号码管进行线头套号）。

表 6-1 三相笼型异步电动机接触器联锁正反转两地控制电路的安装与调试步骤

序号	环节	步骤	具体执行及需记录内容
1	器件的检测与安装	1-1 根据电路图选择电气器件	根据图 6-2 写出所需电气器件：
		1-2 检测待用电气器件性能并记录必要的测试值	对已选出的器件进行检测，确保器件性能正常，并记录 KM1 和 KM2 的线圈电阻值，便于后期的电路检测计算
		1-3 将各电气器件的符号贴在对应的器件上	根据图 6-2 在贴纸上写好器件的符号： 将写好的贴纸贴到对应的器件上，确保贴号清晰可见且不影响后续操作
		1-4 根据已绘制好的布置图在网孔板上安装需要使用的各电气器件	根据图 6-2 绘制好布置图并进行器件安装，注意： 1）实际安装位置应与布置图一致 2）器件应安装整齐、牢固（器件固定用安装孔应全部安装，至少也需要保证对角安装） 3）安装时避免出现螺钉不正或用力过大，以免损伤器件固定用安装孔
2	控制电路的安装与调试	2-1 根据电路图和接线图，写出控制电路所需线号	在每段号码管（长 8mm）上写上所需要的线号，根据图 6-2 写出控制电路所需线号（具体线号及各线号的数量）：
		2-2 根据电路图和接线图，进行套号、接线	套号码管方法：在导线两端接线点处套入号码管，注意当从一个方向看网孔板上的号码管时，号码管方向应一致 接线原则：所有相同的线号需要用导线连接到一起（导线连接好后使用万用表测量，任意两个同号点之间应为导通状态），还需注意，一般情况下一根导线两端线号一定相同 达到以上原则的接线方法很多，此处建议初学者每次将同一个线号全部接线完后再进行下一个线号的接线
		2-3 结合电路图核对接线	结合图 6-2 对电路中已接线线号依次进行检查核对
		2-4 使用万用表对电路进行基本检测	参考项目 3 任务 1 表 3-3 "第二步：控制电路检测"对控制电路 KM1 和 KM2 的各种功能进行检测，并记录相关数据，根据器件检查记录值估算理论值，若理论值与测量值相近（一致），则说明电路基本正常
		2-5 通电试车	将电源的两根相线接到端子排的 L1 和 L2 上，闭合电源开关： 1）按下 SB1（或 SB4），接触器 KM1 得电吸合 2）按下 SB3（或 SB6），接触器 KM1 断电释放 3）按下 SB2（或 SB5），接触器 KM2 得电吸合 4）按下 SB3（或 SB6），接触器 KM2 断电释放 试车完毕后，断开电源开关，从端子排上取下电源的两根相线，注意通电期间不可以直接或间接触碰任何带电体
3	主电路的安装与调试	3-1 根据电路图和接线图，写出主电路所需线号	在每段号码管（长 8mm）上写上所需要的线号，根据图 6-2 写出主电路所需线号（具体线号及各线号的数量）：
		3-2 根据电路图和接线图，进行套号、接线	套号码管方法、接线原则和接线方法与本表步骤 2-2 一致
		3-3 结合电路图核对接线	接线核对方法与本表步骤 2-3 一致

（续）

序　号	环　节	步　骤	具体执行及需记录内容
3	主电路的安装与调试	3-4　使用万用表对电路进行基本检测	参考项目3任务1表3-3"第三步：主电路检测"对主电路 KM1 和 KM2 未压合、压合共四种状态进行检测，并记录相关数据，若估算理论值与测量值相近（一致），则说明电路基本正常 为防止出现电源线接错导致电源短路故障，建议依据项目3任务1表3-3"第四步：防短路检测"进行检测
		3-5　通电试车	将电动机定子绕组按电动机自身铭牌要求接成指定形式后，再将 U1、V1 和 W1 分别接入端子排上的 U、V 和 W（根据电动机的额定电流整定好热继电器的整定电流：一般整定电流为被保护电动机额定电流的 0.95～1.05 倍），将电源的三根相线接到端子排的 L1、L2 和 L3 上，闭合电源开关： 1）按下 SB1（或 SB4），接触器 KM1 得电吸合，电动机连续正转运行 2）按下 SB3（或 SB6），接触器 KM1 断电释放，电动机失电惯性正转一段时间后停止 3）按下 SB2（或 SB5），接触器 KM2 得电吸合，电动机连续反转运行 4）按下 SB3（或 SB6），接触器 KM2 断电释放，电动机失电惯性反转一段时间后停止 试车完毕后，断开电源开关，从端子排上取下电源的三根相线，注意通电期间不可以直接或间接触碰任何带电体

4. 参考检测方法

该电路的检测方法可参考项目3任务1的电路检测方法，需要注意的是，正转起动有两个按钮可实现，即 SB1 和 SB4，反转起动有两个按钮可实现，即 SB2 和 SB5，停止有两个按钮可实现，即 SB3 和 SB6。

【任务评价】

在完成电路的安装与调试任务以后，请根据附录 A 进行任务评分，并对完成本任务过程中遇到的问题进行总结。

【任务拓展】

现对三相笼型异步电动机的基本检测方法和三相绕组首尾端判别方法进行介绍，本节仅从经验角度介绍检测和判别方法，如需更深层分析可自行查找相关资料。

1. 三相笼型异步电动机的基本检测方法

本节介绍的三相笼型异步电动机的基本检测方法主要是检测电动机的好坏，包括以下四步：

1）电动机转子灵活性检查：用手转动电动机转子，感觉转动顺畅，无卡顿、过大摩擦等感觉。

2）电动机相间绝缘（≥0.5MΩ）：万用表使用最大电阻档，分别测试 U1-V1、V1-W1、W1-U1，测得电阻值应为无穷大。

3）电动机绕组与外壳之间绝缘（≥0.5MΩ）：万用表使用最大电阻档，分别测试 U1-外壳、V1-外壳、W1-外壳，测得电阻值应为无穷大。

4）电动机绕组直流电阻平衡：万用表选择合适电阻档（如 $R \times 100$ 档），分别测试 U1-U2、V1-V2、W1-W2，测得电阻值应相等。

2．电动机三相绕组首尾端判别方法

三相绕组首尾端判别方法主要适用于当电动机接线板损坏导致三相绕组所引出的六根导线混在一起，无法直接识别六根导线分属哪一相、哪一端的情况。在判别绕组首尾端之前需要先将三相绕组分开，万用表选择合适电阻档（如 $R×100$ 档），方法如下：

1）从六根导线中任选一根标记为"U1"，分别与其余五根导线检测，可测得电阻值的一根标记为"U2"（与其余四根测得的电阻值应为无穷大）。

2）从剩余四根导线中任选一根标记为"V1"，分别与其余三根导线检测，可测得电阻值（该值应与 U1 和 U2 间电阻相等）的一根标记为"V2"（与其余两根导线测得的电阻值应为无穷大）。

3）剩余两根导线分别标记为"W1"和"W2"，此时测得两者间的电阻，应与 U1 和 U2 间电阻相等。

在将六根线区分出三相绕组后，使用以下方法进行首尾端判别，具体方法有如下几种：

方法一：使用 36V 交流电源和灯泡判别首尾端，判别时接线图如图 6-3 所示，将前面标记的"U2"与"V1"连接起来、"U1"与"V2"之间接入灯泡、"W1"与"W2"之间接入 36V 交流电源。如果灯亮，则说明"U1"、"U2"、"V1"、"V2"标记正确；如果灯不亮，则需要将"U1"与"U2"对换编号（或者"V1"与"V2"对换编号）即可。再按照判别 U 相和 V 相绕组的方法，选择其中一相配合"W1"和"W2"进行判别，注意如果灯不亮需要对换编号时，应对换"W1"与"W2"。灯泡电压可采用交流 6.3V、12V 等。

方法二：使用电池和指针式万用表（微安档）判别首尾端。接线图如图 6-4 所示，按照该接线图接好线路，万用表使用微安档。合上开关将电池接入"U1"与"U2"的瞬间，若万用表指针向大于零的方向摆动，则接电池正极的一端与接万用表负极的一端同为首端或尾端，即当前标记正确，不需要调整编号；若万用表指针向小于零的方向摆动，则接电池正极的一端与接万用表正极的一端同为首端或尾端，即当前标记不正确，需要将"U1"与"U2"对换编号（或者"W1"与"W2"对换编号）。将接在"W1"与"W2"的万用表改接到"V1"与"V2"，使用相同方法进行判别，注意如果需要对换编号时，应对换"V1"与"V2"。注意：应观察电池接入瞬间的指针摆动方向。

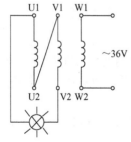

图 6-3　使用 36V 交流电源和
灯泡判别首尾端接线图

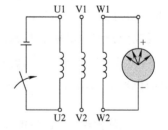

图 6-4　使用电池和万用表（微安档）
判别首尾端接线图

方法三：使用指针式万用表（微安档）判别首尾端，接线图如图 6-5 所示，按照该接线图接好线路，万用表使用微安档。用手转动电动机转子，若万用表指针不动，则证明目前编号正确；若指针有偏转，则说明其中一相首尾端编号不正确，应逐相对调，直至正确（如先对换 U 相两端，若测量时指针仍偏转，则将 U 相再次对换回来；再对换 V 相两端，若测量时指针不动，此时六根线的编号正确）。

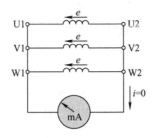

图 6-5 使用万用表（微安档）判别首尾端接线图

任务 2 双重联锁正反转两地控制电路的改造与装调

将三相笼型异步电动机双重联锁正反转控制电路改造为两地控制电路，并进行安装与调试，应掌握以下知识技能：

1）多地控制电路的改造方法。

2）多地控制电路的安装与调试方法。

【任务决策与实施】

1. 三相笼型异步电动机双重联锁正反转控制电路的改造

要将三相笼型异步电动机双重联锁正反转控制电路改造为两地控制电路，首先要画出三相笼型异步电动机双重联锁正反转控制电路图，之后再使用"起动按钮（即常开按钮）两端并联，停止按钮（即常闭按钮）依次串联"的方法将该电路改造为两地控制电路，如图 6-6 所示。

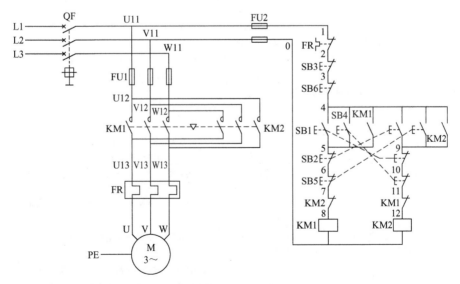

图 6-6 三相笼型异步电动机双重联锁正反转控制电路的两地控制电路图

125

2．工作前准备

1）穿戴好劳动防护用品。

2）清点器件、仪表、电工工具，并摆放整齐。

3）根据图 6-6 所示电路图绘制布置图和接线图。

4）写出通电试车调试步骤（即如何操作、接触器如何动作、电动机如何运行）。

3．安装与调试步骤

三相笼型异步电动机双重联锁正反转两地控制电路的安装与调试步骤见表6-2，表中"具体执行及需记录内容"并不完整，缺失部分请自行补齐。

表 6-2　三相笼型异步电动机双重联锁正反转两地控制电路的安装与调试步骤

序 号	环 节	步 骤	具体执行及需记录内容
1	器件的检测与安装	1-1　根据电路图选择电气器件	根据图 6-6 所示电路图写出所需电气器件： _____
		1-2　检测待用电气器件性能并记录必要的测试值	对已选出的器件进行检测，确保器件性能正常，并记录 KM1 和 KM2 的线圈电阻值，便于后期的电路检测计算
		1-3　将各电气器件的符号贴在对应的器件上	根据图 6-6 在贴纸上写好器件的符号： _____ 将写好的贴纸贴到对应的器件上，确保贴号清晰可见且不影响后续操作
		1-4　根据已绘制好的布置图在网孔板上安装需要使用的各电气器件	根据图 6-6 绘制好布置图并进行器件安装，注意： 1）实际安装位置应与布置图一致 2）器件应安装整齐、牢固（器件固定用安装孔应全部安装，至少也需要保证对角安装） 3）安装时避免出现螺钉不正或用力过大，以免损伤器件固定用安装孔
2	控制电路的安装与调试	2-1　根据电路图和接线图，写出控制电路所需线号	在每段号码管（长 8mm）上写上所需要的线号，根据图 6-6 写出控制电路所需线号（具体线号及各线号的数量）： _____
		2-2　根据电路图和接线图，进行套号、接线	套号码管方法：在导线两端接线点处套入号码管，注意当从一个方向看网孔板上的号码管时，号码管方向应一致 接线原则：所有相同的线号需要用导线连接到一起（导线连接好后使用万用表测量，任意两个同号点之间应为导通状态），还需注意一般情况下一根导线两端线号一定相同 达到以上原则的接线方法很多，此处建议初学者每次将同一个线号全部接完后再进行下一个线号的接线
		2-3　结合电路图核对接线	结合图 6-6 所示电路图，对电路中已接线线号依次进行检查核对
		2-4　使用万用表对电路进行基本检测	参考项目3 表 3-3 和表 3-7 对控制电路 KM1 和 KM2 的起动与停止等功能进行检测，并记录相关数据，根据器件检查记录值估算理论值，若理论值与测量值相近（一致），则说明电路基本正常
		2-5　通电试车	将电源的两根相线接到端子排的 L1 和 L2 上，闭合电源开关： 1）按下 SB1（或 SB4），接触器 KM1 得电吸合 2）按下 SB2（或 SB5），接触器 KM1 断电释放，接触器 KM2 得电吸合 3）按下 SB1（或 SB4），接触器 KM2 断电释放，接触器 KM1 得电吸合 4）按下 SB3（或 SB6），接触器 KM1、KM2 断电释放 试车完毕后，断开电源开关，从端子排上取下电源的两根相线，注意通电期间不可以直接或间接触碰任何带电体

（续）

序 号	环 节	步 骤	具体执行及需记录内容
3	主电路的安装与调试	3-1　根据电路图和接线图，写出主电路所需线号	在每段号码管（长 8mm）上写上所需要的线号，根据图 6-6 写出主电路所需线号（具体线号及各线号的数量）：
		3-2　根据电路图和接线图，进行套号、接线	套号码管方法、接线原则和接线方法与本表步骤 2-2 一致
		3-3　结合电路图核对接线	接线核对方法与本表步骤 2-3 一致
		3-4　使用万用表对电路进行基本检测	参考项目 3 任务 1 表 3-3 "第三步：主电路检测"对主电路 KM1 和 KM2 未压合、压合共四种状态进行检测，并记录相关数据，若估算理论值与测量值相近（一致），则说明电路基本正常 为防止出现电源线接错导致电源短路故障，建议根据项目 3 任务 1 表 3-3 "第四步：防短路检测"进行检测
		3-5　通电试车	将电动机定子绕组按电动机自身铭牌要求接成指定形式后，再将 U1、V1 和 W1 分别接入端子排上的 U、V 和 W（根据电动机的额定电流整定好热继电器的整定电流：一般整定电流为被保护电动机额定电流的 0.95～1.05 倍），将电源的三根相线接到端子排的 L1、L2 和 L3 上，闭合电源开关： 1）按下 SB1（或 SB4），接触器 KM1 得电吸合，电动机连续正转运行 2）按下 SB2（或 SB5），接触器 KM1 断电释放，接触器 KM2 得电吸合，电动机切换为连续反转运行 3）按下 SB1（或 SB4），接触器 KM2 断电释放，接触器 KM1 得电吸合，电动机切换为连续正转运行 4）按下 SB3（或 SB6），接触器 KM1、KM2 断电释放，电动机失电惯性运转一段时间后停止 试车完毕后，断开电源开关，从端子排上取下电源的三根相线，注意通电期间不可以直接或间接触碰任何带电体

4．参考检测方法

该电路的检测方法可参考项目 3 任务 1 和任务 2 的电路检测方法，需要注意的是，正转起动有两个按钮可实现，即 SB1 和 SB4，反转起动有两个按钮可实现，即 SB2 和 SB5，停止有两个按钮可实现，即 SB3 和 SB6。

【任务评价】

在完成电路的安装与调试任务以后，请根据附录 A 进行任务评分，并对完成本任务过程中遇到的问题进行总结。

习　　题

1．什么是多地控制？
2．简述多地控制的实现方法。
3．如何将项目 2 中图 2-11 改为两地控制电路？画出其两地控制电路图。
4．如何将项目 3 中图 3-8 改为三地控制电路？画出其三地控制电路图。

项目7　电动机减压起动控制电路的安装与调试

起动时加在电动机定子绕组上的电压为电动机的额定电压的，属于全压起动，也称直接起动。之前各项目中涉及的电气控制电路采用的都是直接起动，直接起动的优点是所用电气设备少、电路简单和维修量较小。但直接起动有一个关键点需要注意，直接起动时的起动电流较大，一般为电动机额定电流的 4～7 倍，如额定电流为 10A 的电动机，其起动电流可能高达 70A。在电源变压器容量不够大而电动机功率较大的情况下，直接起动将导致电源变压器输出电压下降，这不仅会减小电动机本身的起动转矩，而且会影响同一供电线路中其他电气设备的正常工作。因此，较大容量电动机起动时需要采用减压起动。

减压起动是指利用起动设备将电压适当降低后，加到电动机的定子绕组上进行起动，待电动机起动运转后，再使其电压恢复到额定电压正常运转。常用的减压起动方法有定子绕组串电阻减压起动、自耦变压器减压起动、丫-△减压起动、软起动器减压起动等。由于电流随电压的降低而减小，所以减压起动的目的是减小起动电流。由于电动机的转矩与电压的二次方成正比，所以减压起动也将导致电动机的起动转矩大为降低。所以减压起动需要在空载或轻载下进行。

直接起动和减压起动的使用都存在特殊要求，因此需要根据标准来判别电动机适合哪一种起动方式。电动机能否采用直接起动的判别标准有以下两种：

判别标准一：通常规定，电源容量在 180kV·A 以上，电动机功率在 7kW 以下的三相笼型异步电动机可采用直接起动。

判别标准二：判断一台电动机能否直接起动，可以用下面的经验公式来确定：

$$\frac{I_{\mathrm{st}}}{I_{\mathrm{N}}} \leqslant \frac{3}{4} + \frac{S}{4P}$$

式中，I_{st} 为电动机全压起动电流（A）；I_{N} 为电动机额定电流（A）；S 是电源变压器容量（kV·A）；P 为电动机功率（kW）。

本项目主要针对定子绕组串电阻减压起动和丫-△减压起动两种减压起动控制电路进行安装与调试，其余常用减压起动方式（如自耦变压器减压起动、软起动器减压起动）请自主进行学习。

学习目标

通过本项目的学习与训练，应达到以下目标：
1）能掌握减压起动的判别标准及常见的减压起动方法。
2）能正确分析定子绕组串电阻减压起动和丫-△减压起动两种控制电路的工作原理。
3）能掌握定子绕组串电阻减压起动和丫-△减压起动两种控制电路的安装与调试方法。

任务1　定子绕组串电阻减压起动控制电路的安装与调试

根据图 7-1 完成三相笼型异步电动机定子绕组串电阻减压起动控制电路的安装与调试任务，并掌握以下知识技能：

1）三相笼型异步电动机定子绕组串电阻减压起动的工作原理。

2）三相笼型异步电动机定子绕组串电阻减压起动的起动电阻选择方法。

3）三相笼型异步电动机定子绕组串电阻减压起动控制电路工作原理的分析方法。

4）三相笼型异步电动机定子绕组串电阻减压起动控制电路的安装与调试方法。

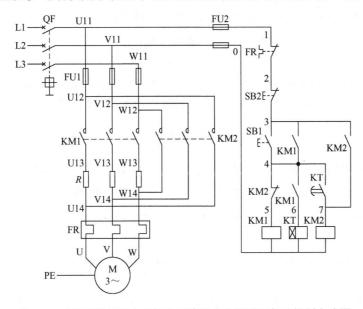

图 7-1　三相笼型异步电动机定子绕组串电阻减压起动控制电路图

【任务咨询】

如图 7-1 所示，主电路中 KM1 与电动机之间串联了三个电阻，在电动机起动时 KM1 闭合，这样就把电阻串联在电动机定子绕组和电源之间，通过电阻的串联分压作用来降低定子绕组上的起动电压，待电动机起动完成后 KM2 闭合，电源直接通入电动机的定子绕组，使电动机在额定电压下正常运行。电路中的电阻 R 在该电路中称为起动电阻。

1．定子绕组串电阻减压起动控制电路的工作原理分析

在图 7-1 所示电路中，KM1 实现电动机的减压起动、KM2 实现电动机的全压运行、KT 延时时间即为减压起动时间，具体工作原理如下：

1）合上电源开关QF

2）减压起动：

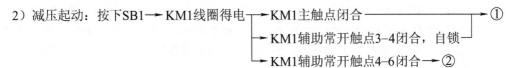

①—— 电动机定子绕组串电阻减压起动

②—— KT线圈得电 $\xrightarrow{\text{计时时间到(如5s)}}$ KT通电延时闭合常开触点闭合—— ③

③—— KM2线圈得电 —— KM2辅助常闭触点先断开 —— KM1线圈失电 —— ④

                └—— KM2主触点后闭合 ———————— 电动机全压运行

                └—— KM2辅助常开触点后闭合，自锁

④—— KM1主触点恢复断开，电动机解除减压起动

    —— KM1辅助常开触点3–4恢复断开，解除自锁

    —— KM1辅助常开触点4–6恢复断开，KT线圈失电

3）停止：按下SB2，控制电路失电，电动机停止运转

2．起动电阻的选择方法

在定子绕组串电阻减压起动控制电路中，起动电阻一般采用 ZX1、ZX2 系列的铸铁电阻，铸铁电阻能通过较大电流，功率大。起动电阻的阻值可采用下列经验公式进行计算：

$$R = 190 \times \frac{I_{st} - I'_{st}}{I_{st} I'_{st}}$$

式中，I_{st} 为电动机未串电阻前的起动电流（A），$I_{st}=(4\sim7)I_N$；I'_{st} 为电动机串电阻后的起动电流（A），$I'_{st}=(2\sim3)I_N$；I_N 为电动机额定电流（A）；R 为电动机每相串联的起动电阻（Ω）。

电阻功率可使用以下公式进行计算：

$$P = I_N^2 R$$

由于起动电阻仅在电动机起动过程中接入电路，且起动时间很短，所以实际选用的电阻功率为计算值的 1/4～1/3。

【例】 某三相笼型异步电动机额定功率为 45kW，额定电压为 380V，额定电流为 94A，若该电动机采用定子绕组串电阻减压起动，则各相串联的电阻应如何选择？

解： 根据题目可以知道电动机的额定电流 I_N=94A

1）电动机未串电阻前的起动电流 I_{st}=6I_N=564A

电动机串电阻后的起动电流 I'_{st} =2I_N=188A

2）将各值带入起动电阻的阻值计算经验公式：

$$R = 190 \times \frac{I_{st} - I'_{st}}{I_{st} I'_{st}} = 190 \times \frac{564 - 188}{564 \times 188}\Omega \approx 0.67\Omega$$

3）起动电阻的功率为

$$P = I_N^2 R = 94 \times 94 \times 0.67 \text{W} \approx 5920 \text{W}$$

由于起动电阻仅在电动机起动过程中接入电路，且起动时间很短，所以实际选用的电阻功率为计算值的 1/4～1/3。该电阻的实际选用功率可以选为计算功率的 1/3，即 1973W。

定子绕组串电阻减压起动在起动时减小了电动机的起动转矩，同时起动时的电阻功率消耗上也较大；若是起动频繁，则电阻的温度会很高，对精密的机床会产生一定的影响，因此在实际生产中该方法正在逐步减少使用。

【任务决策与实施】

1. 工作前准备

1）穿戴好劳动防护用品。

2）清点器件、仪表、电工工具，并摆放整齐。

3）根据图 7-1 绘制布置图和接线图。

4）写出通电试车调试步骤（即如何操作、接触器如何动作、电动机如何运行）。

2. 安装与调试步骤

三相笼型异步电动机定子绕组串电阻减压起动控制电路的安装与调试步骤见表 7-1，表中"具体执行及需记录内容"并不完整，缺失部分请自行补齐。

表 7-1 三相笼型异步电动机定子绕组串电阻减压起动控制电路的安装与调试步骤

序号	环节	步骤	具体执行及需记录内容
1	器件的检测与安装	1-1 根据电路图选择电气器件	根据图 7-1 写出所需电气器件： _____
		1-2 检测待用电气器件性能并记录必要的测试值	对已选出的器件进行检测，确保器件性能正常，对时间继电器 KT 进行初步时间设定（如 5s），另外还需要对用于减压起动的起动电阻进行检测，确保电阻性能正常，并记录 KM1、KM2、KT 的线圈电阻值和三个起动电阻的电阻值，便于后期的电路检测计算
		1-3 将各电气器件的符号贴在对应的器件上	根据图 7-1 在贴纸上写好器件的符号： _____ 将写好的贴纸贴到对应的器件上，确保贴号清晰可见且不影响后续操作
		1-4 根据已绘制好的布置图在网孔板上安装需要使用的各电气器件	根据图 7-1 绘制好布置图并进行器件安装，注意： 1）实际安装位置应与布置图一致 2）器件应安装整齐、牢固（器件固定用安装孔应全部安装，至少也需要保证对角安装） 3）安装时避免出现螺钉不正或用力过大，以免损伤器件固定用安装孔
2	控制电路的安装与调试	2-1 根据电路图和接线图，写出控制电路所需线号	在每段号码管（长 8mm）上套上所需要的线号，根据图 7-1 写出控制电路所需线号（具体线号及各线号的数量）： _____
		2-2 根据电路图和接线图，进行套号、接线	套号码管方法：在导线两端接线点处套入号码管，注意当从一个方向看网孔板上的号码管时，号码管方向应一致 接线原则：所有相同的线号需要用导线连接到一起（导线连接好后使用万用表测量，任意两个同号点之间应为导通状态），还需注意一般情况下一根导线两端线号一定相同 达到以上原则的接线方法很多，此处建议初学者每次将同一个线号全部接线完后再进行下一个线号的接线
		2-3 结合电路图核对接线	结合图 7-1 对电路中已接线线号依次进行检查核对
		2-4 使用万用表对电路进行基本检测	根据表 7-2 "第二步：控制电路检测"对控制电路 KM1 和 KM2 的起动和停止等功能进行检测，并记录相关数据，根据器件检查记录值估算理论值，若理论值与测量值相近（一致），则说明电路基本正常
		2-5 通电试车	将电源的两根相线接到端子排的 L1 和 L2 上，闭合电源开关： 1）按下 SB1，接触器 KM1 得电吸合，时间继电器 KT 得电吸合开始计时 2）KT 计时完成，接触器 KM2 得电吸合，接触器 KM1 断电释放，KT 断电释放 3）按下 SB2，接触器 KM2 断电释放 试车完毕后，断开电源开关，从端子排上取下电源的两根相线，注意通电期间不可以直接或间接触碰任何带电体

（续）

序　号	环　节	步　骤	具体执行及需记录内容
3	主电路的安装与调试	3-1　根据电路图和接线图，写出主电路所需线号	在每段号码管（长 8mm）上写上所需要的线号，根据图 7-1 写出主电路所需线号（具体线号及各线号的数量）： _____
		3-2　根据电路图和接线图，进行套号、接线	套号码管方法、接线原则和接线方法与本表步骤 2-2 一致
		3-3　结合电路图核对接线	接线核对方法与本表步骤 2-3 一致
		3-4　使用万用表对电路进行基本检测	根据表 7-2 "第三步：主电路检测"对主电路 KM1 和 KM2 未压合、压合共四种状态进行检测，并记录相关数据，若估算理论值与测量值相近（一致），则说明电路基本正常 为防止出现电源线接错导致电源短路故障，建议根据表 7-2 "第四步：防短路检测"进行检测
		3-5　通电试车	将电动机定子绕组按电动机自身铭牌要求接成指定形式后，再将 U1、V1 和 W1 分别接入端子排上的 U、V 和 W（根据电动机的额定电流整定好热继电器的整定电流：一般整定电流为被保护电动机额定电流的 0.95～1.05 倍），将电源的三根相线接到端子排的 L1、L2 和 L3 上，闭合电源开关： 1）按下 SB1，接触器 KM1 得电吸合，时间继电器 KT 得电吸合开始计时，电动机减压起动 2）KT 计时完成，接触器 KM2 得电吸合，接触器 KM1 断电释放，KT 断电释放，电动机全压运行 3）按下 SB2，接触器 KM2 断电释放，电动机失电惯性运转一段时间后停止 试车完毕后，断开电源开关，从端子排上取下电源的三根相线，注意通电期间不可以直接或间接触碰任何带电体

3.　参考检测方法

表 7-2 为三相笼型异步电动机定子绕组串电阻减压起动控制电路的参考检测方法，主要包括器件检查、控制电路检测、主电路检测和防短路检测四部分。其中，器件检查阶段记录的线圈电阻值是为了后期推算理论值，以便判断测量值是否正确；控制电路检测主要检测起停功能是否正常，先根据器件检查阶段的测量值计算理论值，再将测量值与理论值对比，如基本一致则说明电路正常，如差别较大则需检查电路；主电路检测主要检测接触器主触点闭合后相关电路是否处于接通状态。表 7-2 中部分测试功能的操作方法未给出，请根据图 7-1 自行完成。

注意：整个检查阶段不接入电源、不接入电动机、电源开关已闭合。

表 7-2　三相笼型异步电动机定子绕组串电阻减压起动控制电路的参考检测方法

第一步：器件检查			
万用表档位	KM1 线圈电阻测量值	KM2 线圈电阻测量值	KT 线圈电阻测量值
指针式 $R\times100$			
万用表档位	电阻 R（1）测量值	电阻 R（2）测量值	电阻 R（3）测量值
指针式 $R\times1$			

（续）

第二步：控制电路检测				
万用表档位	指针式 $R \times 100$			
测试点	万用表两表笔分别放置在控制电路电源线上（如图 7-1 中的 L1 和 L2）			
序号	测试功能	操作方法	理论电阻值	测量电阻值
1	未起动状态检测	无须操作		
2	KM1 起动与停止检测			
3	KM1 自锁与停止检测			
4	KM2 的起动与停止检测	压合 KM1 和 KT（刚压合）		
		压合 KM1 和 KT（计时完成）		
		压合 KM1 和 KT，同时按下停止按钮 SB2		
5	KM2 的自锁与停止检测	压合 KM2		
		压合 KM2，同时按下 SB2		
第三步：主电路检测				
万用表档位	指针式 $R \times 1$			
序号	操作方法	测试点	理论电阻值	测量电阻值
1	未压合 KM1	L1-U		
		L2-V		
		L3-W		
2	压合 KM1	L1-U		
		L2-V		
		L3-W		
3	未压合 KM2	L1-U		
		L2-V		
		L3-W		
4	压合 KM2	L1-U		
		L2-V		
		L3-W		
第四步：防短路检测				

以上参考检测方法建立在接线正确的情况下，为保证安全，建议增加保底检测（即防短路检测），在未接入电源、闭合电源开关、未接入电动机的前提下，具体方法如下：

1）不压合 KM1 和 KM2，L1、L2、L3 三根电源线间两两检测，电阻值都应为无穷大

2）压合 KM1 和 KM2，L1、L2、L3 三根电源线间两两检测，除 L1-L2 间会测得线圈电阻值以外，测得的另两个电阻值应为无穷大

【任务评价】

在完成电路的安装与调试任务以后，请根据附录 A 进行任务评分，并对完成本任务过程中遇到的问题进行总结。

【任务拓展】

1. 定子绕组串电阻减压起动控制电路的故障分析

根据故障现象分析故障原因及故障范围，并完成表 7-3。分析前提条件：电路安装正确

且故障点只有一处。

表 7-3　定子绕组串电阻减压起动控制电路的故障分析

序　号	故障现象	分析原因	故障范围
1	按下任何按钮，电路都没有动作		
2	按下 SB1，电动机减压起动，KT 计时完成，KM2 得电瞬间，控制电路失电		
3	电动机减压起动时运行正常，但全压运行时电动机停止运转（此时 KM2 正常得电）		

2. 自耦变压器减压起动电路原理

图 7-2 所示为自耦变压器减压起动电路原理图，该电路工作过程：合上电源开关 QS1，起动时，将开关 QS2 扳到"起动"位置，此时电动机的定子绕组与自耦变压器的二次侧相接，电动机减压起动；待电动机转速上升到一定值时，迅速将开关 QS2 扳到"运行"位置，此时电动机与自耦变压器脱离而直接接入电源，在额定电压下正常运行。由此可见，自耦变压器减压起动是在电动机起动时利用自耦变压器来降低接入电动机定子绕组的起动电压，待电动机起动后，再使电动机与自耦变压器脱离，从而在额定电压下正常运行。

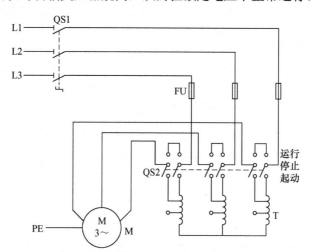

图 7-2　自耦变压器减压起动电路原理图

利用自耦变压器进行减压起动的减压起动装置称为自耦减压起动器，其产品有手动式和自动式两种。

3. XJ01 系列自耦减压起动箱控制电路分析

XJ01 系列自耦减压起动箱是我国生产的自耦变压器减压起动自动控制设备，广泛用于频率为 50Hz、电压为 380V、功率为 14～300kW 的三相笼型异步电动机作不频繁减压起动。其中，14～75kW 的产品采用自动控制、100～300kW 的产品具有手动和自动两种控制方式（由转换开关进行手动和自动切换）；时间继电器延时时间可调，调整范围为 5～120s，需注意若起动时间超过 120s，则起动后的冷却时间应不少于 4h 才可进行下次起动；自耦变压器具有额定电压 60% 和 80% 两档抽头，可根据需要自行选择。

XJ01 系列自耦减压起动箱减压起动的控制电路图如图 7-3 所示，整个控制电路分为主电路、控制电路和指示电路三部分。该设备采用两地控制，HL1、HL2 和 HL3 分别指示电动机运行状态、KM1 为减压起动、KM2 为全压运行，KA 主要用于增加 KM2 的触点数量，具体工作状态分析见表 7-4。

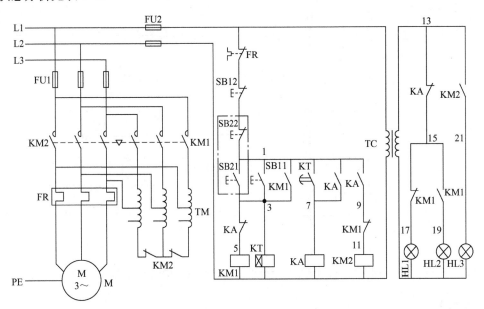

图 7-3　XJ01 系列自耦减压起动箱减压起动的控制电路图

表 7-4　XJ01 系列自耦减压起动箱减压起动的控制电路图工作状态分析

序号	动　作	被控器件状态							电动机状态
		HL1	HL2	HL3	KM1	KM2	KA	KT	
1	设备通电	亮	灭	灭	不得电	不得电	不得电	不得电	停止
2	按下 SB11 或 SB21	灭	亮	灭	得电	不得电	不得电	得电	减压起动
3	KT 定时时间到（如 8s）	灭	灭	亮	不得电	得电	得电	不得电	全压运行
4	按下 SB12 或 SB22	亮	灭	灭	不得电	不得电	不得电	不得电	停止

 思考题

图 7-1 中，当按下 SB1 后，电动机减压运行极短时间，电阻烧毁，试分析造成电阻烧毁的原因。

任务 2　丫-△ 减压起动控制电路的安装与调试

根据图 7-4 完成三相笼型异步电动机丫-△减压起动控制电路的安装与调试任务，并掌握以下知识技能：

1）三相笼型异步电动机丫-△减压起动控制电路主电路的连接方法。
2）三相笼型异步电动机丫联结与△联结的参数对比关系。
3）三相笼型异步电动机丫-△减压起动控制电路工作原理的分析方法。
4）三相笼型异步电动机丫-△减压起动控制电路的安装与调试方法。

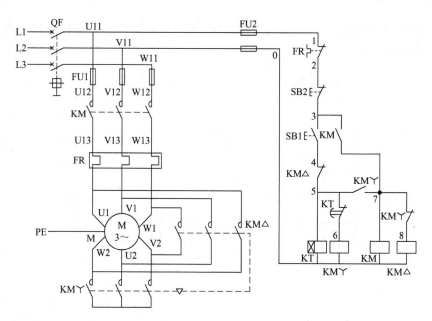

图 7-4　三相笼型异步电动机丫-△减压起动控制电路图

【任务咨询】

1.丫-△减压起动控制电路主电路的连接方法

图 7-5a 所示为三相定子绕组无任何连接,电动机静态下的连接形式,U1、V1、W1 此时定义为定子绕组的首端,U2、V2、W2 此时定义为定子绕组的尾端;图 7-5b 所示为△联结,按该形式接好电动机后通入电源,使用万用表交流电压档测量可得 $U_\triangle \approx 380V$,为电动机额定电压,因此△联结时电动机为全压运行;图 7-5c 所示为丫联结,按该形式接好电动机后通入电源,使用万用表交流电压档测量可得 $U_丫 \approx 220V$,低于电动机额定电压,因此丫联结时电动机为减压起动。丫-△减压起动控制电路主电路的连接方法可以归纳为以下两点:

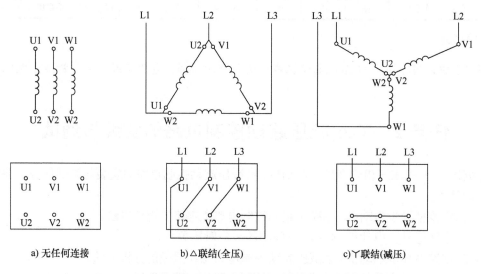

a) 无任何连接　　　　　b)△联结(全压)　　　　　c)丫联结(减压)

图 7-5　三相笼型异步电动机三相定子绕组丫-△联结接线图

1）丫联结：电动机首端短接或尾端短接即可实现。

2）△联结：电动机的首端与尾端依次相接即可实现。

图 7-5 所示丫联结和△联结的连接方法不唯一，其他连接方法可自行画出。

当电动机接成丫联结时，加在每相定子绕组上的起动电压只有△联结的 $1/\sqrt{3}$，起动电流为△联结的 1/3，起动转矩也只有△联结的 1/3，所以这种减压起动方法只适用于轻载或空载。

2. 三相笼型异步电动机丫-△减压起动控制（时间原则）电路的工作原理分析

图 7-4 所示三相笼型异步电动机丫-△减压起动控制（时间原则）电路由三个接触器、一个热继电器、一个时间继电器和两个按钮组成。接触器 KM 作引入电源用，接触器 KM丫和 KM△分别作丫联结减压起动用和△联结运行用，时间继电器 KT 用作控制丫联结减压起动时间和完成丫-△自动切换，SB1 是起动按钮，SB2 是停止按钮，FU1 作主电路的短路保护，FU2 作控制电路的短路保护，FR 作过载保护。图 7-4 所示控制电路的具体工作原理如下：

1）合上电源开关QF

2）起动：按下SB1

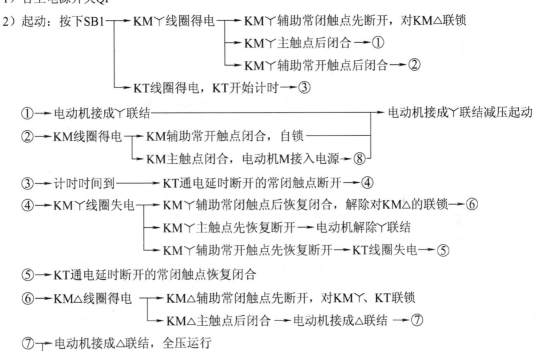

3）停止：无论电动机处于何种运行状态，按下SB2，控制电路失电，电动机失电停止运转

该电路中接触器 KM丫得电以后，通过 KM丫的辅助常开触点使接触器 KM 得电动作，这样 KM丫的主触点是在无负载的条件下进行闭合的，故可延长接触器 KM丫主触点的使用寿命。

3. 典型丫-△自动起动器的工作过程分析

三相笼型异步电动机丫-△减压起动控制（时间原则）电路的定型产品有 QX3 和 QX4 两个系列，一般称之为丫-△自动起动器，这两个系列自动起动器的主要技术参数见表 7-5。

继电控制系统分析与装调

表 7-5　QX3 和 QX4 系列自动起动器的主要技术参数

型　　号	控制功率/kW			配用热元件的额定电流/A	延时时间/s
	220V	380V	500V		
QX3–13	7	13		11、16、22	4～16
QX3–30	17	30		32、45	
QX4–17	—	17	13	15、19	11、13
QX4–30	—	30	22	25、34	15、17
QX4–55	—	55	44	45、61	20、24
QX4–75	—	75	—	85	30
QX4–125	—	125	—	100～160	14～60

　　本环节主要针对 **QX3–13** 型丫-△自动起动器进行工作过程分析，其外观图和控制电路图分别如图 7-6 和图 7-7 所示。QX3–13 型丫-△自动起动器的工作过程如下：

1）合上电源开关QS

2）起动：按下SB1

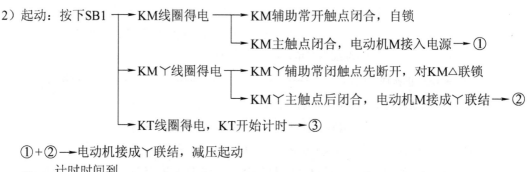

3）停止：无论电动机处于何种运行状态，按下SB2，控制电路失电，电动机失电停止运转

138

图 7-6   QX3–13 型丫-△自动起动器外观图

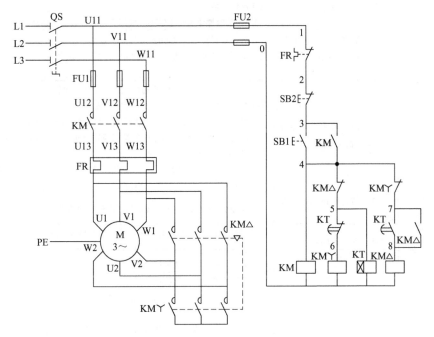

图 7-7   QX3–13 型丫-△自动起动器控制电路图

【任务决策与实施】

1．工作前准备

1）穿戴好劳动防护用品。

2）清点器件、仪表、电工工具，并摆放整齐。

3）根据图 7-4 所示电路图绘制布置图和接线图。

4）写出通电试车调试步骤（即如何操作、接触器如何动作、电动机如何运行）。

2．安装与调试步骤

三相笼型异步电动机丫-△减压起动控制电路的安装与调试步骤见表 7-6，表中"具体执行及需记录内容"并不完整，缺失部分请自行补齐。

继电控制系统分析与装调

表 7-6　三相笼型异步电动机丫-△减压起动控制电路的安装与调试步骤

序 号	环 节	步 骤	具体执行及需记录内容
1	器件的检测与安装	1-1　根据电路图选择电气器件	根据图 7-4 写出所需电气器件： _____
		1-2　检测待用电气器件性能并记录必要的测试值	对已选出的器件进行检测，确保器件性能正常，对时间继电器 KT 进行初步时间设定（如 5s），并记录 KM、KM丫、KM△、KT 的线圈电阻值，便于后期的电路检测计算
		1-3　将各电气器件的符号贴在对应的器件上	根据图 7-4 在贴纸上写好器件的符号： _____ 将写好的贴纸贴到对应的器件上，确保贴号清晰可见且不影响后续操作
		1-4　根据已绘制好的布置图在网孔板上安装需要使用的各电气器件	根据图 7-4 绘制好布置图并进行器件安装，注意： 1）实际安装位置应与布置图一致 2）器件应安装整齐、牢固（器件固定用安装孔应全部安装，至少也需要保证对角安装） 3）安装时避免出现螺钉不正或用力过大，以免损伤器件固定用安装孔
2	控制电路的安装与调试	2-1　根据电路图和接线图，写出控制电路所需线号	在每段号码管（长 8mm）上写上所需要的线号，根据图 7-4 所示的电路图写出控制电路所需线号（具体线号及各线号的数量）： _____
		2-2　根据电路图和接线图，进行套号、接线	套号码管方法：在导线两端接线点处套入号码管，注意当从一个方向看网孔板上的号码管时，号码管方向应一致 接线原则：所有相同的线号需要用导线连接到一起（导线连接好后使用万用表测量，任意两个同号点之间应为导通状态），还需注意，一般情况下一根导线两端线号一定相同 达到以上原则的接线方法很多，此处建议初学者每次将同一个线号全部接线完后再进行下一个线号的接线
		2-3　结合电路图核对接线	结合图 7-4 对电路中已接线线号依次进行检查核对
		2-4　使用万用表对电路进行基本检测	根据表 7-7 "第二步：控制电路检测" 对控制电路 KM、KM丫、KM△的起动与停止等功能进行检测，并记录相关数据，根据器件检查估算记录值估算理论值，若理论值与测量值相近（一致），则说明电路基本正常
		2-5　通电试车	将电源的两根相线接到端子排的 L1 和 L2 上，闭合电源开关： 1）按下 SB1，接触器 KM、KM丫得电吸合，时间继电器 KT 得电吸合开始计时 2）KT 计时完成后，接触器 KM丫断电释放，接触器 KM△得电吸合，KT 断电释放 3）按下 SB2，接触器 KM、KM△断电释放 试车完毕后，断开电源开关，从端子排上取下电源的两根相线，注意通电期间不可以直接或间接触碰任何带电体
3	主电路的安装与调试	3-1　根据电路图和接线图，写出主电路所需线号	在每段号码管（长 8mm）上写上所需要的线号，根据图 7-4 写出主电路所需线号（具体线号及各线号的数量）： _____
		3-2　根据电路图和接线图，进行套号、接线	套号码管方法、接线原则和接线方法与本表步骤 2-2 一致
		3-3　结合电路图核对接线	接线核对方法与本表步骤 2-3 一致
		3-4　使用万用表对电路进行基本检测	根据表 7-7 "第三步：主电路检测" 对主电路 KM、KM丫、KM△未压合、压合共四种状态进行检测，并记录相关数据，若估算理论值与测量值相近（一致），则说明电路基本正常 为防止出现电源线接错导致电源短路故障，建议根据表 7-7 "第四步：防短路检测"进行检测

（续）

序号	环节	步骤	具体执行及需记录内容
3	主电路的安装与调试	3-5　通电试车	将电动机定子绕组的 U1、V1、W1、U2、V2 和 W2 分别接入端子排上对应的 U1、V1、W1、U2、V2 和 W2（根据电动机的额定电流整定好热继电器的整定电流；一般整定电流为被保护电动机额定电流的 0.95～1.05 倍），将电源的三根相线接到端子排的 L1、L2 和 L3 上，闭合电源开关： 1）按下 SB1，接触器 KM、KMY 得电吸合，时间继电器 KT 得电吸合开始计时，电动机减压起动 2）KT 计时完成后，接触器 KMY 断电释放，接触器 KM△ 得电吸合，KT 断电释放，电动机全压运行 3）按下 SB2，接触器 KM、KM△ 断电释放，电动机失电惯性运转一段时间后停止 试车完毕后，断开电源开关，从端子排上取下电源的三根相线，注意通电期间不可以直接或间接触碰任何带电体

3．参考检测方法

表 7-7 为三相笼型异步电动机Y-△减压起动控制电路的参考检测方法，主要包括器件检查、控制电路检测、主电路检测和防短路检测四部分。其中，器件检查阶段记录的线圈电阻值是为了后期推算理论值，以便判断测量值是否正确；控制电路检测主要检测起停功能是否正常，先根据器件检查阶段的测量值计算理论值，再将测量值与理论值对比，如基本一致则说明电路正常，如差别较大则需检查电路；主电路检测主要检测接触器主触点闭合时相关电路是否处于接通状态。表 7-7 中部分测试功能的操作方法未给出，请根据图 7-4 自行完成。

注意：整个检查阶段不接入电源、不接入电动机、电源开关已闭合。

表 7-7　三相笼型异步电动机Y-△减压起动控制电路的参考检测方法

第一步：器件检查			
万用表档位	KM 线圈电阻测量值		KMY 线圈电阻测量值
指针式 $R\times100$			
万用表档位	KM△ 线圈电阻测量值		KT 线圈电阻测量值
指针式 $R\times1$			

第二步：控制电路检测			
万用表档位	指针式 $R\times100$		
测试点	万用表两表笔分别放置在控制电路电源线上（如图 7-4 中的 L1 和 L2）		

序号	测试功能	操作方法	理论电阻值	测量电阻值
1	未起动状态检测	无须操作		
2	减压起动与停止检测	按下起动按钮 SB1		
		按下 SB1，同时压合 KMY		
		按下 SB1，压合 KMY，同时按下 SB2		
3	KM 自锁与停止检测（全压运行）			
4	KT 延时断开的常闭触点的检测	同时，压合 KT、KM、KMY（计时未完成）		
		同时，压合 KT、KM、KMY（计时完成）		
5	KMY 与 KM△ 的联锁检测	按下 SB1，同时压合 KM△		
		压合 KM，同时轻压 KMY（常闭触点断开，常开触点未闭合）		

（续）

第三步：主电路检测				
万用表档位		指针式 *R*×1		
序号	操作方法	测试点	理论电阻值	测量电阻值
1	未压合 KM	L1-U1		
		L2-V1		
		L3-W1		
2	压合 KM	L1-U1		
		L2-V1		
		L3-W1		
3	未压合 KM丫	U2-V2		
		V2-W2		
4	压合 KM丫	U2-V2		
		V2-W2		
5	未压合 KM△	U1-W2		
		V1-U2		
		W1-V2		
6	压合 KM△	U1-W2		
		V1-U2		
		W1-V2		
第四步：防短路检测				

以上参考检测方法建立在接线正确的情况下，为保证安全，建议增加防短路检测。在未接入电源、闭合电源开关、未接入电动机的前提下，具体方法如下：

1）不压合 KM、KM丫和 KM△，L1、L2、L3 三根电源线间两两检测，电阻值都应为无穷大

2）压合 KM 和 KM丫，L1、L2、L3 三根电源线间两两检测，除 L1-L2 间会测得线圈电阻值以外，测得的另两个电阻值应为无穷大

3）压合 KM 和 KM△，L1、L2、L3 三根电源线间两两检测，除 L1-L2 间会测得线圈电阻值以外，测得的另两个电阻值应为无穷大

【任务评价】

在完成电路的安装与调试任务以后，请根据附录 A 进行任务评分，并对完成本任务过程中遇到的问题进行总结。

【任务拓展】

1. 三相笼型异步电动机丫-△减压起动控制电路的故障分析

根据故障现象分析故障原因及故障范围，并完成表 7-8。分析前提条件：电路安装正确且故障点只有一处。

表 7-8　三相笼型异步电动机丫-△减压起动控制电路的故障分析

序　号	故障现象	分析原因	故障范围
1	按下起动按钮后，KM丫和 KT 线圈得电，但 KM 不得电		

（续）

序号	故障现象	分析原因	故障范围
2	按下起动按钮后，电动机减压起动正常，但时间继电器未得电		
3	按下 SB1，电动机减压起动，KT 计时完成后，KM△ 得电，但电动机停止运转		

2. 软起动器减压起动

定子绕组串电阻减压起动、自耦变压器减压起动和丫-△减压起动存在以下两个问题：

1）起动转矩固定不可调，起动过程中存在较大的冲击电流，被拖动负载易受到较大的机械冲击。

2）一旦出现电网电压波动，易造成起动困难甚至使电动机堵转，而停止时由于都是瞬间断电，会造成剧烈的电网电压波动和机械冲击。

因此，出现了软起动器（Soft Starter），它是一种集电动机软起动、软停车、轻载节能和多种保护功能于一体的新型电动机控制装置。目前常见的软起动器类型见表 7-9，其中电子式软起动器和磁控式软起动器分别如图 7-8 和图 7-9 所示。

表 7-9　目前常见的软起动器类型

序号	类型	减压原理
1	电子式软起动器	利用晶闸管移相控制原理，控制三相反并联晶闸管的导通角，使被控电动机的输入电压按不同的要求而变化，从而实现不同的起动功能。起动时，使晶闸管的触发延迟角从零开始逐渐前移，电动机的端电压从零开始，按预设函数关系逐渐上升，直至满足起动转矩而使电动机顺利起动，晶闸管全导通时使电动机全压运行
2	磁控式软起动器	由利用磁放大器原理制造的串联在电源和电动机之间的三相饱和电抗器构成，起动时通过数字控制板调节磁放大器控制绕组的励磁电流，改变饱和电抗器的电抗值调节输出电压，实现电动机软起动
3	自动液体电阻式软起动器	在被控绕线转子电动机的转子回路中串入特殊配制的电解液作为电阻，并通过调整电解液的浓度及改变两极板间的距离，使串入电阻的阻值在起动过程中始终满足电动机机械特性对串入电阻值的要求，从而使电动机在获得最大起动转矩及最小起动电流的情况下，转速均匀提升，平稳起动。起动结束后，电气开关短接转子回路

图 7-8　电子式软起动器

图 7-9　磁控式软起动器

软起动器可以实现软起动、软停车，在完成减压起动以后，软起动器不需要一直运行。软起动器主电路原理图如图 7-10 所示，在软起动器两端并联接触器 KM 主触点，在电动机软起动结束之后，接触器 KM 主触点闭合，电源将通过 KM 主触点送入电动机；若要求电动机软停车，一旦发出停车信号，先将 KM 主触点分断，再使用软起动器对电动机进行软停车。

在工业自动化程度要求比较高的场合，为便于控制和应用，通常将软起动器、断路器和控制电路组成一个较完整的电动机控制中心，以实现电动机的软起动、软停车、故障保护报警、自动控制等功能。控制中心同时具有运行和故障状态监视、接触器操作次数、电动机运行时间和触点弹跳监视、试验等辅助功能，另外还可以附加通信单元、图形显示操作单元和编程单元等，还可直接与通信总线联网。具体使用时请自行查阅软起动器相关资料。

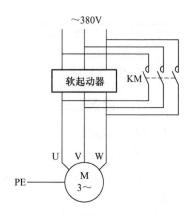

图 7-10　软起动器主电路原理图

思考题

若图 7-7 所示电路中接触器动作机构动作不灵敏（如 KM△常闭触点断开后，常开触点闭合卡顿），可能会出现什么现象？

习　　题

1. 简述直接起动的定义及直接起动电流与电动机额定电流的关系。
2. 简述减压起动的定义及常见的减压起动方法。
3. 简述减压起动的实质及缺点。
4. 简述电动机能否采用直接起动的判别标准。
5. 电源容量为 190kV·A、电动机额定功率为 8kW 的三相笼型异步电动机，能否直接起动？
6. 某三相笼型异步电动机额定功率为 20kW，额定电压为 380V，额定电流为 38.4A，若该电动机采用定子绕组串电阻减压起动，则各相串联的电阻应如何选择？
7. 请分析图 7-11 中三个主电路能否实现丫-△减压起动控制，若不能，请说明其控制效果，并更正电路。
8. 简述三相笼型异步电动机丫联结与△联结的参数对比关系。
9. 某传送带采用电动机拖动，电动机采用手动原则控制的 丫-△减压起动，请画出满足以下控制要求的电路图：

　1) 按下 SB1，电动机丫联结减压起动。

　2) 按下 SB2，电动机切换为△联结全压运行。

　3) 按下 SB3，电动机停止运转。

10. 某传送带采用电动机拖动，电动机采用时间原则控制的 丫-△减压起动，请画出满足以下控制要求的电路图：

　1) 按下 SB1，电动机丫联结减压起动。

　2) 减压起动 8s 后，电动机自动切换为△联结全压运行。

　3) 按下 SB2，电动机停止运转。

11. 某传送带采用电动机拖动，电动机采用时间原则控制的正反转 丫-△减压起动，请画出满足以下控制要求的电路图：

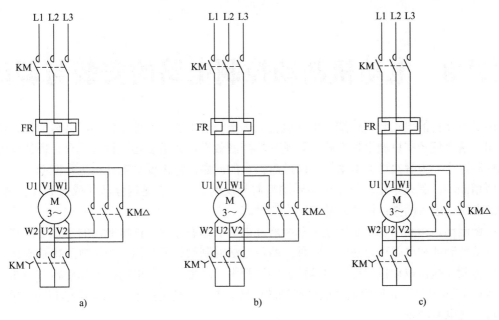

图 7-11 习题 7 图

1）按下 SB1，电动机丫联结正转减压起动，减压起动 8s 后，电动机自动切换为△联结正转全压运行。

2）按下 SB3，电动机停止运转。

3）按下 SB2，电动机丫联结反转减压起动，减压起动 8s 后，电动机自动切换为△联结反转全压运行。

4）按下 SB3，电动机停止运转。

项目 8 电动机制动控制电路的安装与调试

由之前项目的电路装调可知，电动机在失去电源后不会立即停止转动，会再惯性运转一段时间，这会使一些机械设备不能达到预期的控制效果，如吊装起重设备，存在惯性运转将不能精确定位。为解决这类电动机不能及时停止的问题，就需要对电动机进行制动。

所谓制动，就是给电动机一个与转动方向相反的转矩使它迅速停转（或限制其转速）。制动的方法一般有两类：机械制动和电力制动。

机械制动是指利用机械装置使电动机断开电源后迅速停转。机械制动的常用方法有电磁抱闸制动器制动和电磁离合器制动两种。两种方法的制动原理类似，控制电路也基本相同。

电力制动是指电动机在切断电源停转的过程中，产生一个和电动机实际旋转方向相反的电磁转矩（制动转矩），迫使电动机迅速制动停转。电力制动常用的方法有反接制动、能耗制动和再生发电制动等。

本项目主要针对机械制动中的电磁抱闸制动器制动、电力制动中的反接制动和能耗制动三种控制电路进行安装与调试，其他常用制动方式（如再生发电制动）请自主学习。

学习目标

通过本项目的学习与训练，应达到以下目标：

1）掌握电磁抱闸制动器制动、反接制动和能耗制动三种制动方法的制动原理。

2）能正确分析电磁抱闸制动器制动、反接制动和能耗制动三种制动控制电路的工作原理。

3）掌握电磁抱闸制动器制动、反接制动和能耗制动三种制动控制电路的安装与调试方法。

任务 1 电磁抱闸制动器制动控制电路的安装与调试

请根据图 8-1 所示电路图完成三相笼型异步电动机电磁抱闸制动器通电制动控制电路的安装与调试任务，并掌握以下知识技能：

1）电磁抱闸制动器的工作原理。

2）电磁抱闸制动器断电制动控制电路工作原理的分析方法。

3）电磁抱闸制动器通电制动控制电路工作原理的分析方法。

4）电磁抱闸制动器通电制动控制电路的安装与调试方法。

【任务咨询】

1. 电磁抱闸制动器

图 8-2 所示为由常用的 MZD1 系列制动电磁铁与 TJ2 系列闸瓦制动器配合使用组成的电磁抱闸制动器，其结构如图 8-3 所示，制动电磁铁由铁心、衔铁和线圈三部分组成，闸瓦制动器由弹簧、闸轮、杠杆、闸瓦和轴组成。电磁抱闸制动器分为断电制动型和通电制动型两

种，两种制动器的具体工作原理见表8-1。

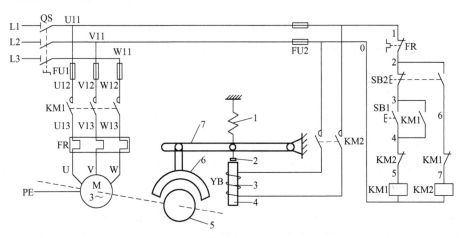

图 8-1　电磁抱闸制动器通电制动控制电路图

1—弹簧　2—衔铁　3—线圈　4—铁心　5—闸轮　6—闸瓦　7—杠杆

图 8-2　电磁抱闸制动器

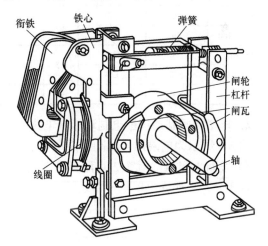

图 8-3　电磁抱闸制动器的结构

表 8-1　电磁抱闸制动器的工作原理

序　号	制动器类型	工作原理	其他说明
1	断电制动型	制动电磁铁的线圈得电时，制动器的闸轮和闸瓦分开，无制动效果	定位准确，同时可防止电动机突然断电时引起的重物坠落，被广泛应用在起重机械上
		制动电磁铁的线圈失电时，制动器的闸瓦紧紧地抱住闸轮而制动	由于制动器线圈得电时间与电动机一样长，所以不够经济；另外还存在断电后手动调整工件困难的问题
2	通电制动型	制动电磁铁的线圈得电时，制动器的闸瓦紧紧地抱住闸轮而制动	相对于断电制动器，通电制动器适用于要求电动机制动后需要调整工件位置的机床设备
		制动电磁铁的线圈失电时，制动器的闸轮和闸瓦分开，无制动效果	

常用的 MZD1 系列制动电磁铁和 TJ2 系列闸瓦制动器的型号及含义如下：

图 8-4　电磁抱闸制动器的电气符号

电磁抱闸制动器的电气符号如图 8-4 所示，表 8-2 为 MZD1 系列制动电磁铁和 TJ2 系列闸瓦制动器的配用表。

表 8-2　MZD1 系列制动电磁铁和 TJ2 系列闸瓦制动器的配用表

制动器型号	制动转矩/（N·m）		闸瓦退距/mm		调整杆行程/mm		电磁铁型号	电磁铁转矩/（N·m）	
	通电持续率25%或40%	通电持续率100%	正常	最大	开始	最大		通电持续率25%或40%	通电持续率100%
TJ2–100	20	10	0.4	0.6	2	3	MZD1–100	5.5	3
TJ2–200/100	40	20					MZD1–200		
TJ2–200	160	80	0.5	0.8	2.5	3.8	MZD1–200	40	20
TJ2–300/200	240	120					MZD1–200		
TJ2–300	500	200	0.7	1	3	4.4	MZD1–300	100	40

2. 电磁抱闸制动器断电制动控制电路的工作原理分析

图 8-5 所示为电磁抱闸制动器断电制动控制电路图，电磁抱闸制动器的工作过程如下：

1）线圈 1 得电，衔铁 2 克服弹簧 3 的拉力向上吸合，通过杠杆 6 带动闸瓦 5 向上移动与闸轮 4 分开，允许电动机正常运转。

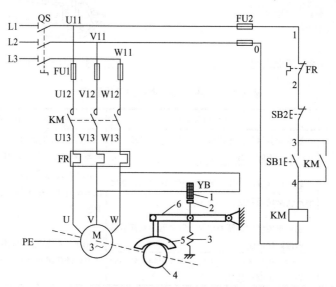

图 8-5　电磁抱闸制动器断电制动控制电路图

1—线圈　2—衔铁　3—弹簧　4—闸轮　5—闸瓦　6—杠杆

2）线圈 1 失电，衔铁 2 失去向上的吸合力，弹簧 3 向下复位,通过杠杆 6 带动闸瓦 5 向下移动紧紧地抱住闸轮 4，使电动机迅速停转。

图 8-5 所示电磁抱闸制动器断电制动控制电路图的工作原理如下：

1）合上电源开关QS

2）起动：按下SB1 → KM线圈得电 → KM主触点闭合 ────────────→ ①

　　　　　　　　　　　　　　　 └→ KM辅助常开触点闭合，自锁 ─┘

　　　①→ 电磁抱闸制动器线圈得电，闸轮与闸瓦分开 → 电动机M得电正常运转

3）停止：按下SB2 → KM线圈失电 → KM辅助常开触点断开，解除自锁

　　　　　　　　　　　　　　　 └→ KM主触点断开 → ②

　　　②→ 电磁抱闸制动器线圈失电，闸轮与闸瓦抱紧 → 电动机M失电迅速停转

3.　电磁抱闸制动器通电制动控制电路的工作原理

图 8-1 所示的电磁抱闸制动器通电制动控制电路图中，电磁抱闸制动器的工作过程如下：

1）线圈 3 得电，衔铁 2 克服弹簧 1 的拉力向下吸合，通过杠杆 7 带动闸瓦 6 向下移动，紧紧地抱住闸轮 5，产生制动效果，使电动机迅速停转。

2）线圈 3 失电，衔铁 2 失去向下的吸合力，弹簧 1 向上复位，通过杠杆 7 带动闸瓦 6 向上与闸轮 5 分开，允许电动机正常运转。

图 8-1 所示电磁抱闸制动器通电制动控制电路图的具体工作原理如下：

1）合上电源开关QS

2）起动：按下SB1 → KM1线圈得电 → KM1辅助常闭触点先断开，对KM2联锁

　　　　　　　　　　　　　　　　 ├→ KM1辅助常开触点后闭合，自锁 ─┐

　　　　　　　　　　　　　　　　 └→ KM1主触点后闭合 ──────────→ ①

　　　①→ 电动机M得电正常运转(此时电磁抱闸制动器不得电，闸轮与闸瓦分开)

3）停止：按下SB2 → SB2常闭触点先断开 → KM1线圈失电 → ②

　　　　　　　　　　 └→ SB2常开触点后闭合 → KM2线圈得电 → ③

　　　　　　　　　　　　　　　 ④┘

②→ KM1辅助常开触点先恢复断开，解除自锁 ─────────┐

├→ KM1主触点先恢复断开 ───────────────────┼→ 电动机M迅速停转

└→ KM1辅助常闭触点后恢复闭合，解除对KM2的联锁→④

③→ KM2主触点闭合 → 电磁抱闸制动器得电，闸轮与闸瓦抱紧 ─┘

松开SB2 → SB2常开触点先恢复断开 → KM2线圈失电

　　　　 └→ SB2常闭触点后恢复闭合 → 电磁抱闸制动器失电，闸轮与闸瓦分开

【任务决策与实施】

1.　工作前准备

1）穿戴好劳动防护用品。

2）清点器件、仪表、电工工具，并摆放整齐。

3）根据图 8-1 绘制布置图（电磁抱闸制动器与电动机同属于板外设备）和接线图。

4）写出通电试车调试步骤（即如何操作、接触器如何动作、电动机如何运行）。

2. 安装与调试步骤

电磁抱闸制动器通电制动控制电路的安装与调试步骤见表 8-3，表中"具体执行及需记录内容"并不完整，缺失部分请自行补齐。

表 8-3　电磁抱闸制动器通电制动控制电路的安装与调试步骤

序号	环节	步骤	具体执行及需记录内容
1	器件的检测与安装	1-1　根据电路图选择电气器件	根据图 8-1 写出所需电气器件：
		1-2　检测待用电气器件性能并记录必要的测试值	对已选出的器件进行检测，确保器件性能正常，另外还需要对用于制动的电磁抱闸制动器进行检测，并记录 KM1、KM2、YB 的线圈电阻值，便于后期的电路检测计算
		1-3　将各电气器件的符号贴在对应的器件上	根据图 8-1 在贴纸上写好器件的符号： 将写好的贴纸贴到对应的器件上，确保贴号清晰可见且不影响后续操作
		1-4　根据已绘制好布置图在网孔板上安装需要使用的各电气器件	根据图 8-1 绘制好布置图并进行器件安装，注意： 1）实际安装位置应与布置图一致 2）器件应安装整齐、牢固（器件固定用安装孔应全部安装，至少也需要保证对角安装） 3）安装时避免出现螺钉不正或用力过大，以免损伤器件固定用安装孔
2	控制电路的安装与调试	2-1　根据电路图和接线图，写出控制电路所需线号	在每段号码管（长 8mm）上写上所需要的线号，根据图 8-1 写出控制电路所需线号（具体线号及各线号的数量）： 注意：电磁抱闸制动器在本任务中归为控制电路部分
		2-2　根据电路图和接线图，进行套号、接线	套号码管方法：在导线两端接线点处套入号码管，注意当从一个方向看网孔板上的号码管时，号码管方向应一致 接线原则：所有相同的线号需要用导线连接到一起（导线连接好后使用万用表测量，任意两个同号点之间应为导通状态），还需注意，一般情况下一根导线两端线号一定相同 达到以上原则的接线方法很多，此处建议初学者每次将同一线号全部接线完后再进行下一个线号的接线
		2-3　结合电路图核对接线	结合图 8-1 对电路中已接线线号依次进行检查核对
		2-4　使用万用表对电路进行基本检测	根据表 8-4"第二步：控制电路检测"对控制电路 KM1 和 KM2 的起动和停止等功能进行检测，并记录相关数据，根据器件检查记录值估算理论值，若理论值与测量值相近（一致），则说明电路基本正常
		2-5　通电试车	将电源的两根相线接到端子排的 L1 和 L2 上，闭合电源开关： 1）按下 SB1，接触器 KM1 得电吸合（此时轮与闸瓦应分开） 2）按下 SB2，接触器 KM1 断电释放，接触器 KM2 得电吸合（此时闸轮与闸瓦应抱紧） 3）松开 SB2，接触器 KM2 断电释放（此时闸轮与闸瓦应分开） 试车完毕后，断开电源开关，从端子排上取下电源的两根相线，注意通电期间不可以直接或间接触碰任何带电体
3	主电路的安装与调试	3-1　根据电路图和接线图，写出主电路所需线号	在每段号码管（长 8mm）上写上所需要的线号，根据图 8-1 写出主电路所需线号（具体线号及各线号的数量）：

（续）

序号	环节	步骤	具体执行及需记录内容
3	主电路的安装与调试	3-2　根据电路图和接线图，进行套号、接线	套号码管方法、接线原则和接线方法与本表步骤2-2一致
		3-3　结合电路图核对接线	接线核对方法与本表步骤2-3一致
		3-4　使用万用表对电路进行基本检测	根据表8-4"第三步：主电路检测"对主电路KM1未压合、压合两种状态进行检测，并记录相关数据，若估算理论值与测量值相近（一致），则说明电路基本正常 为防止出现电源线接错导致电源短路故障，建议根据表8-4"第四步：防短路检测"进行检测
		3-5　通电试车	将电动机定子绕组按电动机自身铭牌要求接成指定形式后，再将U1、V1和W1分别接入端子排上的U、V和W（根据电动机的额定电流整定好热继电器的整定电流：一般整定电流为被保护电动机额定电流的0.95～1.05倍），将电源的三根相线接到端子排的L1、L2和L3上，闭合电源开关： 1）按下SB1，接触器KM1得电吸合（此时闸轮与闸瓦应分开），电动机得电运转 2）按下SB2，接触器KM1断电释放，接触器KM2得电吸合（此时闸轮与闸瓦应抱紧），电动机迅速制动停止 3）松开SB2，接触器KM2断电释放（此时闸轮与闸瓦应分开） 试车完毕后，断开电源开关，从端子排上取下电源的三根相线，注意通电期间不可以直接或间接触碰任何带电体

3．参考检测方法

表8-4为电磁抱闸制动器通电制动控制电路的参考检测方法，主要包括器件检查、控制电路检测、主电路检测和防短路检测四部分。其中，器件检查阶段记录的线圈电阻值是为了后期推算理论值，以便判断测量值是否正确；控制电路检测主要检测起停功能是否正常，先根据器件检查阶段的测量值计算理论值，再将测量值与理论值对比，如基本一致则说明电路正常，如差别较大则需检查电路；主电路检测主要检测接触器主触点闭合时相关电路是否处于接通状态。

注意：整个检查阶段不接入电源、不接入电动机、电源开关已闭合。

表8-4　电磁抱闸制动器通电制动控制电路的参考检测方法

第一步：器件检查			
万用表档位	KM1线圈电阻测量值	KM2线圈电阻测量值	制动器线圈YB电阻测量值
指针式 $R×100$			

第二步：控制电路检测				
万用表档位	指针式 $R×100$			
测试点	万用表两表笔分别放置在控制电路电源线上（如图8-1中的L1和L2）			
序号	测试功能	操作方法	理论电阻值	测量电阻值
1	未起动状态检测	无须操作		
2	KM1起动与停止检测	按下起动按钮SB1		
		按下起动按钮SB1，同时轻按停止按钮SB2（轻按：常闭触点断开、常开触点未闭合）		
3	KM1自锁与停止检测	压合KM1（即自锁）		
		压合KM1，同时轻按停止按钮SB2		

（续）

序 号	测试功能	操作方法	理论电阻值	测量电阻值
4	KM2 起动检测	按下 SB2		
5	KM2 停止检测	松开 SB2		
6	KM1 与 KM2 联锁检测	按下 SB1，同时压合 KM2		
		按下 SB2，同时压合 KM1		
7	电磁抱闸制动器检测	压合 KM2		

第三步：主电路检测				
万用表档位		指针式 $R×1$		
序 号	操作方法	测试点	理论电阻值	测量电阻值
1	未压合 KM1	L1-U		
		L2-V		
		L3-W		
2	压合 KM1	L1-U		
		L2-V		
		L3-W		

第四步：防短路检测

以上参考检测方法建立在接线正确的情况下，为保证安全，建议增加防短路检测。在未接入电源、闭合电源开关、未接入电动机的前提下，具体方法如下：

1）不压合 KM1，L1、L2、L3 三根电源线间两两检测，电阻值都应为无穷大

2）压合 KM1，L1、L2、L3 三根电源线间两两检测，除 L1-L2 间会测得线圈电阻值以外，测得的另两个电阻值应为无穷大

【任务评价】

在完成电路的安装与调试任务以后，请根据附录 A 进行任务评分，并对完成本任务过程中遇到的问题进行总结。

【任务拓展】

断电制动型电磁离合器外观和结构分别如图 8-6 和图 8-7 所示，其主要由励磁绕组、动铁心、静铁心、静摩擦片、动摩擦片等组成。电磁离合器的制动原理如下：

1）电动机静止时，励磁绕组未通电，制动弹簧将静摩擦片紧紧地压在动摩擦片上，此时电动机通过绳轮轴被制动。

图 8-6　断电制动型电磁离合器外观

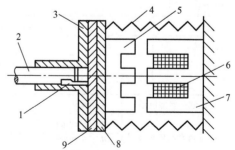

图 8-7　断电制动型电磁离合器结构

1—键　2—绳轮轴　3—法兰　4—制动弹簧　5—动铁心
6—励磁绕组　7—静铁心　8—静摩擦片　9—动摩擦片

2）电动机通电运转时，励磁绕组同时得电，电磁铁的动铁心被静铁心吸合，使静摩擦片与动摩擦片分开，动摩擦片连同绳轮轴在电动机的带动下正常起动运转。

3）电动机切断电源时，励磁绕组也同时失电，制动弹簧立即将静摩擦片连同动铁心推向转动的动摩擦片，强大的弹簧张力迫使动、静摩擦片之间产生足够大的摩擦力，使电动机在断电后立即制动停转。

具体需要使用电磁离合器进行制动时，请自行查找相关资料。

　思考题

尝试画出断电型电磁离合器制动控制电路图。

任务 2　反接制动控制电路的安装与调试

根据图 8-8 所示电路图完成三相笼型异步电动机反接制动控制电路的安装与调试任务，并掌握以下知识技能：

1）反接制动的实现方法。

2）速度继电器的使用方法。

3）三相笼型异步电动机反接制动控制电路工作原理的分析方法。

4）三相笼型异步电动机反接制动控制电路的安装与调试方法。

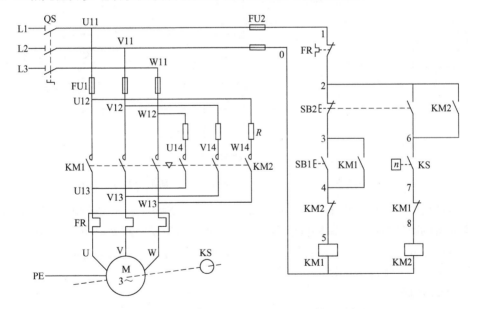

图 8-8　三相笼型异步电动机反接制动控制电路图

【任务咨询】

在分析电动机反接制动控制电路之前，需要先复习两个知识点：

1）右手定则：右手平展，使大拇指与其余四指垂直，并且都与手掌在一个平面内。把右手放入磁场中，若磁感线垂直进入手心（当磁感线为直线时，相当于手心面向 N 极），大拇指指向导线运动方向，则四指所指方向为导线中感应电流（感应电动势）的方向。

2）左手定则（判断安培力）：伸开左手，使拇指与其余四个手指垂直，并且都与手掌在同一平面内。让磁感线从掌心进入且四指指向电流的方向，这时大拇指所指的方向就是通电导线在磁场中所受安培力的方向。

如图 8-9 所示，当 QS 向上（即正转运行）闭合时，接入电动机定子绕组的电源相序为 L1-L2-L3，产生顺时针方向、转速为 n_1 的旋转磁场（见图 8-10a），电动机转子初始为静止状态，所以电动机转子相对于磁场是逆时针运动的，导体切割磁感线产生感应电流（使用右手定则可以判断出感应电流的方向，见图 8-10a），通电导体在旋转磁场中会产生电磁转矩（使用左手定则可以判断出安培力 F 的方向，见图 8-10a），电动机转子沿顺时针方向旋转、转速为 n（小于磁场转速 n_1）。

图 8-9 中，当 QS 向下（即反接制动）闭合时，接入电动机定子绕组的电源相序为 L2-L1-L3，产生逆时针方向、转速为 n_1 的旋转磁场（见图 8-10b），电动机转子为惯性顺时针方向转动状态，所以电动机转子相对于磁场是顺时针运动（初始相对转速 n_1+n），导体切割磁感线产生感应电流——使用右手定则可以判断出感应电流的方向（见图 8-10b），通电导体在旋转磁场中会产生电磁转矩（使用左手定则可以判断出安培力 F 的方向，见图 8-10b），与电动机惯性运转方向相反，使电动机制动迅速停转。

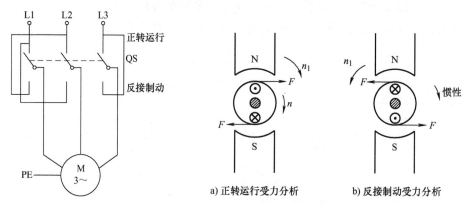

图 8-9 反接制动原理图　　　　图 8-10 电动机受力方向分析

反接制动通过改变电动机定子绕组的电源相序来产生制动转矩，迫使电动机迅速停转。

当电动机顺时针方向的转速接近于零时，如不及时切断反接制动电源，电动机将会按受力方向变为逆时针旋转（即电动机反转）。为了解决电动机转速接近于零时能自动切断反接制动电源的问题，引入速度继电器。

1. 速度继电器

速度继电器是一种可以按照被控电动机转速的高低接通或断开控制电路的电器。其主要作用是与接触器配合使用实现对电动机的反接制动，故又称为反接制动继电器。机床电气控制中常用的速度继电器有 JY1 型和 JFZ0 型，本任务以 JY1 型为例进行介绍。

JY1 型速度继电器外观及结构示意图如图 8-11 所示。JY1 型速度继电器主要由转子、定子和触点系统三部分组成。转子是一个圆柱形永久磁铁，能绕转轴转动，且与被控电动机同轴。定子是一个笼型空心圆环，由硅钢片叠成，并装有笼型绕组。触点系统由两组转换触点

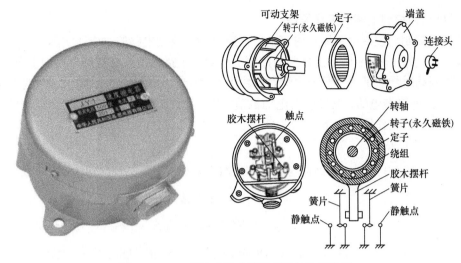

图 8-11　JY1 型速度继电器外观及结构示意图

组成，分别在转子正转和反转时动作。速度继电器的电气符号如图 8-12 所示，在使用时，速度继电器的转轴与电动机的转轴连接在一起，具体的工作过程如下：

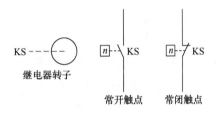

图 8-12　速度继电器的电气符号

1）当电动机旋转时，速度继电器的转子随之转动，从而在转子和定子之间的气隙中产生旋转磁场，在定子绕组上产生感应电流，该电流在永久磁铁的旋转磁场作用下，产生电磁转矩，使定子随永久磁铁转动的方向偏转，偏转角度与电动机的转速成正比。当定子偏转到一定角度时，带动胶木摆杆推动簧片，使常闭触点断开、常开触点闭合。

2）当电动机转速低于某一值时，定子产生的电磁转矩减小，触点在簧片作用下复位。

一般速度继电器的触点动作转速为 100～300r/min，触点复位转速在 100r/min 以下，JY1 型速度继电器在 3000r/min 转速以下能可靠工作。JY1 型和 JFZ0 型速度继电器的主要技术参数见表 8-5。

表 8-5　JY1 型和 JFZ0 型速度继电器的主要技术参数

型　　号	触点额定电压/V	触点额定电流/A	触点对数		额定工作转速/（r/min）	允许操作频率/（次/h）
			正转	反转		
JY1			1 组转换触点	1 组转换触点	100～3000	
JFZ0–1	380	2	1 常开 1 常闭	1 常开 1 常闭	100～1000	<30
JFZ0–2			1 常开 1 常闭	1 常开 1 常闭	1000～3000	

速度继电器在选用及使用时需要注意以下几点：

1）速度继电器需要根据所需要控制的转速大小，触点数量以及触点的额定电压、电流来选用。

2）速度继电器的转轴应与电动机同轴连接，确保两轴的中心线重合。

3）安装接线时，应注意正反向触点不能接错，否则不能实现反接制动控制。

4）金属外壳应可靠接地。

2. 反接制动控制电路的工作原理

在分析反接制动控制电路原理时可发现，反接制动控制电路的主电路实际上与正反转控制电路是重合状态，图8-8所示反接制动控制电路的主电路和正反转控制电路的主电路相似，只是在反接制动时增加了三个限流电阻。电路中 KM1 为正转运行接触器，KM2 为反接制动接触器，KS 为速度继电器，其转轴与电动机轴相连。图8-8所示三相笼型异步电动机反接制动控制电路的具体工作原理如下：

1）合上电源开关QS

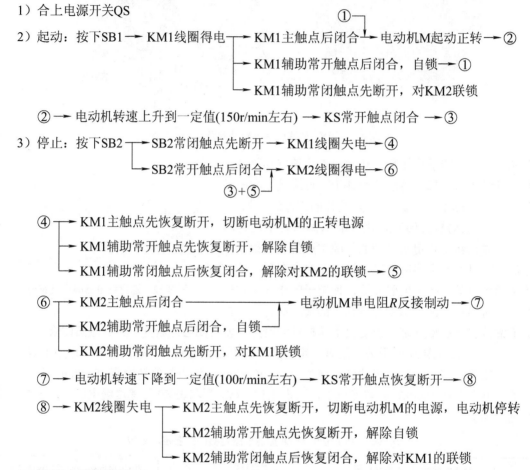

2）起动：按下SB1 → KM1线圈得电 → KM1主触点后闭合 → 电动机M起动正转 → ②
    → KM1辅助常开触点后闭合，自锁 → ①
    → KM1辅助常闭触点先断开，对KM2联锁

② → 电动机转速上升到一定值(150r/min左右) → KS常开触点闭合 → ③

3）停止：按下SB2 → SB2常闭触点先断开 → KM1线圈失电 → ④
    → SB2常开触点后闭合 → KM2线圈得电 → ⑥
    ③+⑤

④ → KM1主触点先恢复断开，切断电动机M的正转电源
    → KM1辅助常开触点先恢复断开，解除自锁
    → KM1辅助常闭触点后恢复闭合，解除对KM2的联锁 → ⑤

⑥ → KM2主触点后闭合 → 电动机M串电阻R反接制动 → ⑦
    → KM2辅助常开触点后闭合，自锁
    → KM2辅助常闭触点先断开，对KM1联锁

⑦ → 电动机转速下降到一定值(100r/min左右) → KS常开触点恢复断开 → ⑧

⑧ → KM2线圈失电 → KM2主触点先恢复断开，切断电动机M的电源，电动机停转
    → KM2辅助常开触点先恢复断开，解除自锁
    → KM2辅助常闭触点后恢复闭合，解除对KM1的联锁

3. 限流电阻的选择

正转运行切换为反接制动时，由于旋转磁场与转子的相对转速（$n+n_1$）很高，故转子绕组中的感应电流很大，致使定子绕组中的电流也很大，一般约为电动机额定电流的10倍。因此，反接制动适用于10kW以下小容量电动机的制动，并且在对4.5kW以上的电动机进行反接制动时，需在定子绕组回路中串接限流电阻 R，以限制反接制动电流。限流电阻 R 的大小可根据下述经验设计公式进行估算。

当电源电压为380V时，若要使反接制动电流等于电动机直接起动时起动电流的1/2（即 $I_{st}/2$），则三相电路每相应串入的电阻 R 为

$$R \approx 1.5 \times \frac{220\text{V}}{I_{st}}$$

若要使反接制动电流等于电动机直接起动电流，则三相电路每相应串入的电阻 R' 为

$$R' \approx 1.3 \times \frac{220\text{V}}{I_{\text{st}}}$$

如果反接制动时，只在电源两相中串接电阻，则电阻值应加大，分别取上述电阻值的 1.5 倍。

反接制动的优点是制动能力强、制动迅速；缺点是制动准确性差、制动过程中冲击强烈，易损坏传动零件，制动能量消耗大，不宜经常制动。因此，反接制动一般适用于制动要求迅速、系统惯性较大、不经常起动与制动的场合，如铣床、镗床、中型车床等主轴的制动控制。

【任务决策与实施】

1. 工作前准备

1）穿戴好劳动防护用品。

2）清点器件、仪表、电工工具，并摆放整齐。

3）根据图 8-8 绘制布置图（速度继电器与电动机同属于板外设备）和接线图。

4）写出通电试车调试步骤（即如何操作、接触器如何动作、电动机如何运行）。

2. 安装与调试步骤

三相笼型异步电动机反接制动控制电路的安装与调试步骤见表 8-6，表中"具体执行及需记录内容"并不完整，缺失部分请自行补齐。

表 8-6 三相笼型异步电动机反接制动控制电路的安装与调试步骤

序号	环节	步骤	具体执行及需记录内容
1	器件的检测与安装	1-1 根据电路图选择电气器件	根据图 8-8 写出所需电气器件： _____
		1-2 检测待用电气器件性能并记录必要的测试值	对已选出的器件进行检测，确保器件性能正常，另外还需要对用于制动的速度继电器和限流电阻进行检测，并记录 KM1、KM2 线圈和限流电阻的电阻值，便于后期的电路检测计算
		1-3 将各电气器件的符号贴在对应的器件上	根据图 8-8 在贴纸上写好器件的符号： _____ 将写好的贴纸贴到对应的器件上，确保贴号清晰可见且不影响后续操作
		1-4 根据已绘制好的布置图在网孔板上安装需要使用的各电气器件	根据图 8-8 绘制好布置图并进行器件安装，注意： 1）实际安装位置应与布置图一致 2）器件应安装整齐、牢固（器件固定用安装孔应全部安装，至少也需要保证对角安装） 3）安装时避免出现螺钉不正或用力过大，以免损伤器件固定用安装孔
2	控制电路的安装与调试	2-1 根据电路图和接线图，写出控制电路所需线号	在每段号码管（长 8mm）上写上所需要的线号，根据图 8-8 写出控制电路所需线号（具体线号及各线号的数量）： _____
		2-2 根据电路图和接线图，进行套号、接线	套号码管方法：在导线两端接线点处套入号码管，注意当从一个方向看网孔板上的号码管时，号码管方向应一致 接线原则：所有相同的线号需要用导线连接到一起（导线连接好后使用万用表测量，任意两个同号点之间应为导通状态），还需注意一般情况下一根导线两端线号一定相同 达到以上原则的接线方法很多，此处建议初学者每次将同一线号全部接线完后再进行下一个线号的接线

（续）

序号	环节	步骤	具体执行及需记录内容
2	控制电路的安装与调试	2-3 结合电路图核对接线	结合图 8-8 对电路中已接线线号依次进行检查核对
		2-4 使用万用表对电路进行基本检测	根据表 8-7"第二步：控制电路检测"对控制电路 KM1 和 KM2 的各功能进行检测，并记录相关数据，根据器件检查记录值估算理论值，若理论值与测量值相近（一致），则说明电路基本正常
		2-5 通电试车	将电源的两根相线接到端子排的 L1 和 L2 上，闭合电源开关： 1）按下 SB1，接触器 KM1 得电吸合 2）按下 SB2，接触器 KM1 断电释放（由于速度继电器暂不接入，KM2 暂时不能得电） 试车完毕后，断开电源开关，从端子排上取下电源的两根相线，注意通电期间不可以直接或间接触碰任何带电体
3	主电路的安装与调试	3-1 根据电路图和接线图，写出主电路所需线号	在每段号码管（长 8mm）上写上所需要的线号，根据图 8-8 写出主电路所需线号（具体线号及各线号的数量）： _____
		3-2 根据电路图和接线图，进行套号、接线	套号码管方法、接线原则和接线方法与本表步骤 2-2 一致
		3-3 结合电路图核对接线	接线核对方法与本表步骤 2-3 一致
		3-4 使用万用表对电路进行基本检测	根据表 8-7"第三步：主电路检测"对主电路 KM1、KM2 未压合、压合共四种状态进行检测，并记录相关数据，若估算理论值与测量值相近（一致），则说明电路基本正常 为防止出现电源线接错导致电源短路故障，建议根据表 8-7"第四步：防短路检测"进行检测
		3-5 通电试车	将电动机定子绕组按电动机自身铭牌要求接成指定形式后，再将 U1、V1 和 W1 分别接入端子排上的 U、V 和 W（根据电动机的额定电流整定好热继电器的整定电流：一般整定电流为被保护电动机额定电流的 0.95～1.05 倍），将电源的三根相线接到端子排的 L1、L2 和 L3 上，闭合电源开关： 1）按下 SB1，接触器 KM1 得电吸合，电动机得电运转（观察电动机转向及速度继电器哪一对常开触点闭合） 2）断开电源开关，将刚才闭合的那一对速度继电器常开触点接入端子排的 6-7，闭合电源开关 3）按下 SB1，接触器 KM1 得电吸合，电动机得电运转，速度继电器常开触点闭合 4）按下 SB2，接触器 KM1 断电释放，接触器 KM2 得电吸合，电动机转速下降，速度继电器常开触点断开，接触器 KM2 断电释放，电动机停止运转 试车完毕后，断开电源开关，从端子排上取下电源的三根相线，注意通电期间不可以直接或间接触碰任何带电体

3．参考检测方法

表 8-7 为三相笼型异步电动机反接制动控制电路的参考检测方法，主要包括器件检查、控制电路检测、主电路检测和防短路检测四部分。其中，器件检查阶段记录的线圈电阻值是为了后期推算理论值，以便判断测量值是否正确；控制电路检测主要检测起停功能是否正常，先根据器件检查阶段的测量值计算理论值，再将测量值与理论值对比，如基本一致则说明电路正常，如差别较大则需检查电路；主电路检测主要检测接触器主触点闭合时相关电路是否处于接通状态。

注意：整个检查阶段不接入电源、不接入电动机、电源开关已闭合。

表 8-7　三相笼型异步电动机反接制动控制电路的参考检测方法

第一步：器件检查			
万用表档位	KM1 线圈电阻测量值	KM2 线圈电阻测量值	限流电阻测量值
指针式 $R \times 100$			
第二步：控制电路检测			
万用表档位	指针式 $R \times 100$		
测试点	万用表两表笔分别放置在控制电路电源线上（如图 8-8 中的 L1 和 L2）		
序号	测试功能	操作方法	理论电阻值　　测量电阻值
1	未起动状态检测	无须操作	
2	KM1 起动与停止检测	按下起动按钮 SB1	
		按下起动按钮 SB1，同时轻按停止按钮 SB2（轻按：常闭断开、常开未闭合）	
3	KM1 自锁与停止检测	压合 KM1（即自锁）	
		压合 KM1，同时轻按停止按钮 SB2	
4	KM2 起动与停止检测	短接 6 和 7，同时按下停止按钮 SB2	
		断开 6 和 7，同时按下停止按钮 SB2	
5	KM2 自锁与停止检测	短接 6 和 7，同时压合 KM2（即自锁）	
		断开 6 和 7，同时压合 KM2（即自锁）	
6	KM1 与 KM2 联锁检测	短接 6 和 7，同时压合 KM1 和 KM2	
第三步：主电路检测			
万用表档位	指针式 $R \times 1$（确保所选档位可测量限流电阻阻值）		
序号	操作方法	测试点　　　理论电阻值	测量电阻值
1	未压合 KM1	L1-U	
		L2-V	
		L3-W	
2	压合 KM1	L1-U	
		L2-V	
		L3-W	
3	未压合 KM2	L1-W	
		L2-V	
		L3-U	
4	压合 KM2	L1-W	
		L2-V	
		L3-U	
第四步：防短路检测			

　　以上参考检测方法建立在接线正确的情况下，为保证安全，建议增加防短路检测。在未接入电源、闭合电源开关、未接入电动机的前提下，具体方法如下：

　　1）不压合 KM1 和 KM2，L1、L2、L3 三根电源线间两两检测，电阻值都应为无穷大

　　2）压合 KM1 或 KM2，L1、L2、L3 三根电源线间两两检测，除 L1-L2 间会测得线圈电阻值以外，测得的另两个电阻值应为无穷大

【任务评价】

在完成电路的安装与调试任务以后，请根据附录 A 进行任务评分，并对完成本任务过程中遇到的问题进行总结。

【任务拓展】

电容制动也是常见的电力制动方法之一，典型的电容制动控制电路图如图 8-13 所示，在分析电路具体工作原理之前，先看该电路的主电路，当 KM1 主触点闭合时实现电动机的正转控制，当 KM1 主触点断开、KM2 主触点闭合时，电动机切断交流电源但转子内仍有剩磁，随着转子的惯性转动形成一个随转子转动的旋转磁场。该磁场切割定子绕组产生感应电动势，并通过电容器回路形成感应电流，该电流产生的磁场与转子绕组中产生的感应电流相互作用，产生一个与旋转方向相反的制动转矩，使电动机制动而迅速停转。所以，电容制动是指在电动机切断交流电源后，立即在电动机定子绕组的出线端接入电容器，迫使电动机迅速停转。

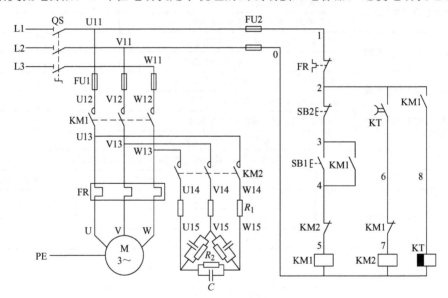

图 8-13　电容制动控制电路图

图 8-13 所示电容制动控制电路的具体工作原理如下：

1）闭合电源开关QS

2）起动：按下SB1 → KM1线圈得电
- → KM1主触点后闭合 → 电动机M起动正转 ①
- → KM1辅助常开触点(3-4)后闭合，自锁 → ①
- → KM1 辅助常开触点(2-8)后闭合 → ②
- → KM1辅助常闭触点(6-7)先断开，对KM2联锁

②→ 断电延时型时间继电器KT得电 → KT断电延时断开常开触点瞬时闭合③

3）停止：按下SB2 → KM1线圈失电 → ④

④ → KM1主触点先恢复断开，切断电动机M的正转电源

　　→ KM1辅助常开触点(3-4)先恢复断开，解除自锁

　　→ KM1辅助常开触点(2-8)先恢复断开，KT线圈失电，开始计时⑥

　　→ KM1辅助常闭触点(6-7)后恢复闭合，解除对KM2的联锁⑤

⑥ KT计时过程中，③+⑤ → KM2线圈得电 → ⑦

⑦ → KM2主触点后闭合 → 电动机M接入电容器，电容制动，KT计时完成 → ⑧

　　→ KM2辅助常闭触点(4-5)先断开，对KM1联锁

⑧ → KM2线圈失电 → KM2主触点先恢复断开，切断电容制动

　　　　　　　　　　→ KM2辅助常闭触点(4-5)后恢复闭合，解除对KM1的联锁

　　电容制动是一种制动迅速、能量损耗小、设备简单的制动方法，一般用于10kW以下的小容量电动机，特别适用于存在机械摩擦及阻尼的生产机械和需要多台电动机同时制动的场合。图8-13中的电阻R_1影响制动转矩的大小，电阻R_2为放电电阻，这两种电阻和电容器的选用方法请自行查找相关资料。

思考题

　　某生产机械的主轴电动机采用单向运转反接制动，即按图8-8安装，出厂测试时设备可正常制动，但到了用户方使用时出现了主轴电动机反向运转且不能反接制动的情况，试分析其原因。

任务3　能耗制动控制电路的安装与调试

　　根据图8-14和图8-17所示电路图完成三相笼型异步电动机能耗制动控制电路的安装与调试任务，并掌握以下知识技能：

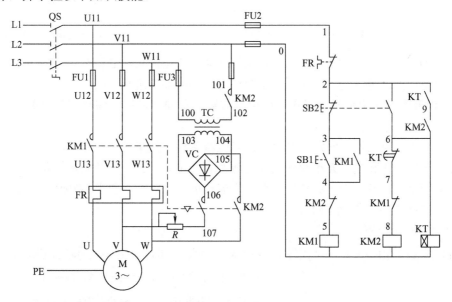

图8-14　三相笼型异步电动机有变压器桥式整流单向起动能耗制动控制电路图

1）能耗制动的实现方法。

2）三相笼型异步电动机无变压器单相半波整流单向起动能耗制动控制电路工作原理的分析方法。

3）三相笼型异步电动机有变压器桥式整流单向起动能耗制动控制电路工作原理的分析方法。

4）三相笼型异步电动机能耗制动控制电路的安装与调试方法。

【任务咨询】

图 8-15 所示为能耗制动原理图，QS1 向上闭合，电动机接入三相电源正转运行（顺时针）；QS1 向下断开，切断电动机的交流电源，转子仍沿原方向惯性运转，随后立即合上开关 QS2，并将 QS1 向下合闸，电动机 V、W 两相定子绕组通入直流电，致使定子中产生一个恒定的静磁场。转子相对于静磁场顺时针运行，导体切割磁感线产生感应电流——使用右手定则可以判断出定子绕组的感应电流方向（如图 8-16 所示），通电导体在旋转磁场中会产生电磁转矩——使用左手定则可以判断出安培力 F 的方向（如图 8-16 所示），与电动机惯性运转方向相反，使电动机迅速制动停转。当电动机转速减小为零时，由于此时提供的是静磁场，电动机会停止，不会反转。

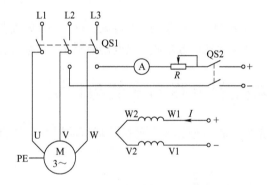

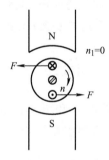

图 8-15　能耗制动原理图　　　　图 8-16　电动机制动受力方向分析

能耗制动（又称动能制动）是指在电动机切断交流电源后，立即在定子绕组的任意两相中通入直流电，产生静磁场，以消耗转子惯性运转的动能来进行制动。

1．三相笼型异步电动机无变压器单相半波整流单向起动能耗制动控制电路的工作原理分析

图 8-17 所示为三相笼型异步电动机无变压器单相半波整流单向起动能耗制动控制电路图，通过二极管 VD 和电阻 R 配合转交流电源为直流电源，具有所需附加设备较少、电路简单、成本低等优点，常用于 10kW 以下小容量电动机，且对制动要求不高的场合。

图 8-17 的具体工作原理如下：

1）闭合电源开关QS　　　　　　　　　　　　　　　①

2）起动：按下SB1 → KM1线圈得电 → KM1主触点后闭合 → 电动机M起动正转

　　　　　　　　　　　　　　　　　　　 → KM1辅助常开触点后闭合，自锁 → ①

　　　　　　　　　　　　　　　　　　　 → KM1辅助常闭触点先断开，对KM2联锁

3）停止：按下SB2 ┬→ SB2常闭触点先断开 ──→ KM1线圈失电 ──→②
　　　　　　　　　└→ SB2常开触点后闭合 ┬→ KM2线圈得电 ──→④
　　　　　　　　　　　　　　　　　　③┘└→ KT线圈得电 ──→⑤

② ┬→ KM1主触点先恢复断开，切断电动机M的正转电源
　├→ KM1辅助常开触点先恢复断开，解除自锁
　└→ KM1辅助常闭触点后恢复闭合，解除对KM2的联锁 ──→③

④ ┬→ KM2主触点后闭合 ────────────→ 电动机M接入直流电源，能耗制动
　├→ KM2辅助常开触点后闭合+⑥，自锁 ┘
　└→ KM2辅助常闭触点先断开，对KM1联锁

⑤ → KT瞬时闭合常开触点立即闭合⑥，KT计时完成，KT通电延时断开常闭触点断开 ──→⑦

⑦ → KM2线圈失电 ┬→ KM2主触点先恢复断开，切断电动机M的直流电源
　　　　　　　　├→ KM2辅助常开触点先恢复断开，解除自锁 ──→⑧
　　　　　　　　└→ KM2辅助常闭触点后恢复闭合，解除对KM1的联锁

⑧ → KT线圈失电 ┬→ KT通电延时断开常闭触点立即恢复闭合
　　　　　　　　└→ KT瞬时闭合常开触点立即恢复断开

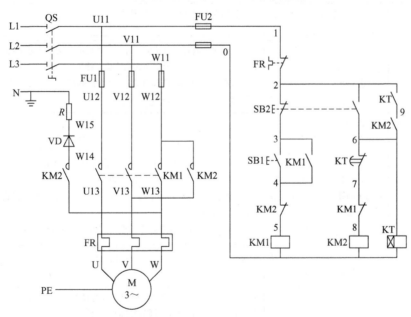

图8-17　三相笼型异步电动机无变压器单相半波整流单向起动能耗制动控制电路图

2. 三相笼型异步电动机有变压器桥式整流单向起动能耗制动控制电路的工作原理分析

图8-14所示为适用于10kW以上电动机的有变压器桥式整流单向起动能耗制动控制电路图，通过整流变压器 TC、单相桥式整流器 VC 和电阻 R 配合转交流电源为直流电源，其中电阻 R 用来调节直流电流，从而调节制动强度，另外 TC 一次侧和 VC 的直流侧同时接入 KM2

主触点实现切换，有利于提高触点的使用寿命。图 8-14 的控制电路与图 8-17 相同，所以整体控制过程一致，只是其能耗制动所需要的直流电源提供方式不同。

能耗制动的优点是制动准确、平稳且能量消耗小；缺点是需要附加直流电源整流装置，设备费用较高，制动力较弱，低速时制动转矩小。因此，能耗制动一般适用于要求制动准确、平稳的场合，如磨床、立式铣床等的制动控制。

【任务决策与实施】

1．工作前准备

1）穿戴好劳动防护用品。

2）清点器件、仪表、电工工具，并摆放整齐。

3）根据图 8-14 所示电路图绘制布置图和接线图。

4）写出通电试车调试步骤（即如何操作、接触器如何动作、电动机如何运行）。

2．安装与调试步骤

三相笼型异步电动机有变压器桥式整流单向起动能耗制动控制电路的安装与调试步骤见表 8-8，表中"具体执行及需记录内容"并不完整，缺失部分请自行补齐。

表 8-8　三相笼型异步电动机有变压器桥式整流单向起动能耗制动控制电路的安装与调试步骤

序号	环节	步骤	具体执行及需记录内容
1	器件的检测与安装	1-1　根据电路图选择电气器件	根据图 8-14 写出所需电气器件：
		1-2　检测待用电气器件性能并记录必要的测试值	对已选出的器件进行检测，确保器件性能正常，并记录 KM1、KM2、KT 的线圈等电阻值，便于后期的电路检测计算 制动所需直流电源估算方法：直流电源的电压、容量根据实际使用的电动机绕组电阻计算：$U_Z=1.5I_NR$，$I_Z=1.5I_N$
		1-3　将各电气器件的符号贴在对应的器件上	根据图 8-14 在贴纸上写好器件的符号： 将写好的贴纸贴到对应的器件上，确保贴号清晰可见且不影响后续操作
		1-4　根据已绘制好的布置图在网孔板上安装需要使用的各电气器件	根据图 8-14 绘制好布置图并进行器件安装，注意： 1）实际安装位置应与布置图一致 2）器件应安装整齐、牢固（器件固定用安装孔应全部安装，至少也需要保证对角安装） 3）安装时避免出现螺钉不正或用力过大，以免损伤器件固定用安装孔
2	控制电路的安装与调试	2-1　根据电路图和接线图，写出控制电路所需线号	在每段号码管（长 8mm）上写上所需要的线号，根据图 8-14 写出控制电路所需线号（具体线号及各线号的数量）：
		2-2　根据电路图和接线图，进行套号、接线	套号码管方法：在导线两端接线点处套入号码管，注意当从一个方向看网孔板上的号码管时，号码管方向应一致 接线原则：所有相同的线号需要用导线连接到一起（导线连接好后使用万用表测量，任意两个同号点之间应为导通状态），还需注意一般情况下一根导线两端线号一定相同 达到以上原则的接线方法很多，此处建议初学者每次将同一线号全部接线完后再进行下一个线号的接线
		2-3　结合电路图核对接线	结合图 8-14 对电路中已接线线号依次进行检查核对

（续）

序号	环节	步骤	具体执行及需记录内容
2	控制电路的安装与调试	2-4　使用万用表对电路进行基本检测	根据表8-9"第二步：控制电路检测"对控制电路 KM1 和 KM2 的起动与停止等功能进行检测，并记录相关数据，根据器件检查记录值估算理论值，若理论值与测量值相近（一致），则说明电路基本正常
		2-5　通电试车	将电源的两根相线接到端子排的 L1 和 L2 上，闭合电源开关： 1）按下 SB1，接触器 KM1 得电吸合 2）按下 SB2，接触器 KM1 断电释放，KM2、KT 得电吸合，计时时间到后，KM2、KT 断电释放 试车完毕后，断开电源开关，从端子排上取下电源的两根相线，注意通电期间不可以直接或间接触碰任何带电体
3	主电路的安装与调试	3-1　根据电路图和接线图，写出主电路所需线号	在每段号码管（长 8mm）上写上所需要的线号，根据图 8-14 写出主电路所需线号（具体线号及各线号的数量）：
		3-2　根据电路图和接线图，进行套号、接线	套号码管方法、接线原则和接线方法与本表步骤 2-2 一致
		3-3　结合电路图核对接线	接线核对方法与本表步骤 2-3 一致
		3-4　使用万用表对电路进行基本检测	根据表8-9"第三步：主电路检测"对主电路 KM1、KM2 未压合、压合共四种状态进行检测，并记录相关数据，若估算理论值与测量值相近（一致），则说明电路基本正常 为防止出现电源线接错导致电源短路故障，建议根据表8-9"第四步：防短路检测"进行检测
		3-5　通电试车	将电动机定子绕组按电动机自身铭牌要求接成指定形式后，再将 U1、V1 和 W1 分别接入端子排上的 U、V 和 W（根据电动机的额定电流整定好热继电器的整定电流：一般整定电流为被保护电动机额定电流的 0.95~1.05 倍），将电源的三根相线接到端子排的 L1、L2 和 L3 上，闭合电源开关： 1）按下 SB1，接触器 KM1 得电吸合，电动机得电运转 2）按下 SB2，接触器 KM1 断电释放，KM2、KT 得电吸合，电动机能耗制动，KT 计时时间到后，KM2、KT 断电释放 试车完毕后，断开电源开关，从端子排上取下电源的三根相线，注意通电期间不可以直接或间接触碰任何带电体

3．参考检测方法

表 8-9 为三相笼型异步电动机有变压器桥式整流单向起动能耗制动控制电路的参考检测方法，主要包括器件检查、控制电路检测、主电路检测和防短路检测四部分。其中，器件检查阶段记录的线圈电阻值是为了后期推算理论值，以便判断测量值是否正确；控制电路检测主要检测起停功能是否正常，先根据器件检查阶段的测量值计算理论值，再将测量值与理论值对比，如基本一致则说明电路正常，如差别较大则需检查电路；主电路检测主要检测接触器主触点闭合时相关电路是否处于接通状态。

注意：整个检查阶段不接入电源、不接入电动机、电源开关已闭合。

表 8-9　三相笼型异步电动机有变压器桥式整流单向起动能耗制动控制电路的参考检测方法

第一步：器件检查				
万用表档位	KM1 线圈电阻值	KM2 线圈电阻值	KT 线圈电阻值	R 电阻值	TC 一次绕组电阻值
指针式 R×100					

（续）

第二步：控制电路检测				
万用表档位	指针式 $R \times 100$			
测试点	万用表两表笔分别放置在控制电路电源线上（如图8-14中的L1和L2）			
序号	测试功能	操作方法	理论电阻值	测量电阻值
1	未起动状态检测	无须操作		
2	KM1 起动与停止检测	按下起动按钮 SB1		
		按下起动按钮 SB1，同时轻按停止按钮 SB2（轻按：常闭触点断开、常开触点未闭合）		
3	KM1 自锁与停止检测	压合 KM1（即自锁）		
		压合 KM1，同时轻按停止按钮 SB2		
4	KM2 起动检测	按下停止按钮 SB2		
5	KM2 自锁与停止检测	压合 KM2 与 KT（即自锁）		
		压合 KM2 与 KT（即自锁）一段时间（KT 的计时时间）后		
6	KM1 与 KM2 联锁检测	同时压合 KM1、KM2 和 KT		
第三步：主电路检测				
万用表档位	指针式 $R \times 1$（确保所选档位可测量限流电阻阻值）			
序号	操作方法	测试点	理论电阻值	测量电阻值
1	未压合 KM1	L1-U		
		L2-V		
		L3-W		
2	压合 KM1	L1-U		
		L2-V		
		L3-W		
3	未压合 KM2	L2-L3		
		106-V		
		105-W		
4	压合 KM2	L2-L3		
		106-V		
		105-W		
第四步：防短路检测				

以上参考检测方法建立在接线正确的情况下，为保证安全，建议增加防短路检测。在未接入电源、闭合电源开关、未接入电动机的前提下，具体方法如下：

1）不压合 KM1 和 KM2，L1、L2、L3 三根电源线间两两检测，电阻值都应为无穷大。

2）压合 KM1 或 KM2，L1、L2、L3 三根电源线间两两检测，（KM1）L1-L2 间会测得线圈电阻值、（KM2）L2-L3 间会测得 TC 一次绕组电阻值，L1-L3 间电阻值应为无穷大。

【任务评价】

在完成电路的安装与调试任务以后，请根据附录 A 进行任务评分，并对完成本任务过程中遇到的问题进行总结。

【任务拓展】

再生发电制动又称回馈制动，主要用在起重机械和多速异步电动机上。以起重机为例说明再生发电制动原理：当起重机在高处刚开始得电下放重物时，电动机的转速 n 小于旋转磁

场转速 n_1（同步转速），其转子电流和电磁转矩方向如图 8-18a 所示，该阶段具体受力分析已在反接制动中有详细介绍，此处不再赘述。由于重力作用，重物下放过程中，电动机的转速 n 会变为大于旋转磁场转速 n_1，电动机转子相对于磁场是顺时针运动的，导体切割磁感线产生感应电流——使用右手定则可以判断出感应电流的方向如图 8-18b 所示，通电导体在旋转磁场中会产生电磁转矩——使用左手定则可以判断出产生安培力，进而得出电磁转矩 T 的方向如图 8-18b 所示，与电动机运转方向相反，可见电磁转矩变为制动转矩，限制了重物的下降速度，保证了设备和人身安全。

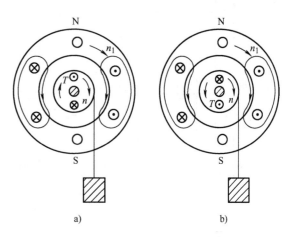

再生发电制动是一种比较经济的制动方法，无须改变控制电路即可从电动机运行状态自动转入发电制动状态，把机械能转化为电能，再反馈到电网中，节能效果显著。但存在着应用范围窄、仅当电动机转速 n 大于同步转速 n_1 时（如起重机械、多速异步电动机由高速转低速）才能实现发电制动的缺点。

图 8-18　再生发电制动原理图

 思考题

图 8-14 中 KM2 辅助常开触点上方串接 KT 瞬时常开触点实现自锁，相对于仅使用 KM2 辅助常开触点实现自锁有什么优势？

习　　题

1．简述制动的定义及制动方法的分类。

2．什么是机械制动？常见的机械制动方法有哪些？

3．什么是电力制动？常见的电力制动方法有哪些？

4．简述电磁抱闸制动器断电制动的工作过程。

5．简述电磁抱闸制动器通电制动的工作过程。

6．简述电磁抱闸制动器断电制动的优缺点。

7．简述反接制动的实现方法，并分析图 8-19 所示三个主电路能否实现反接制动控制，若不能，请说明其控制效果，并更正电路。

8．为什么反接制动需要使用速度继电器？

9．速度继电器的动作速度和复位速度一般为多少？

10．某三相笼型异步电动机的额定功率为 8kW，额定电压为 380V，若采用反接制动，其限流电阻应如何选择？

11．简述能耗制动的实现方法。

12．三相笼型异步电动机无变压器单相半波整流单向起动能耗制动和有变压器桥式整流单向起动能耗制动分别适用于什么场合？

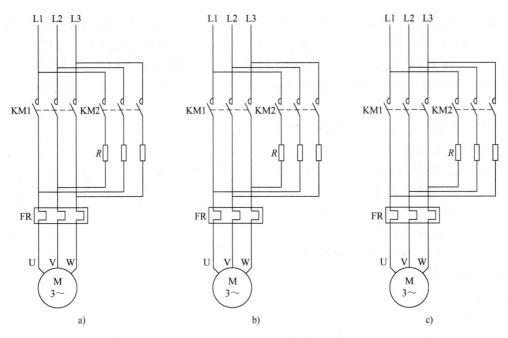

图 8-19　习题 7 图

13．请设计出可以实现以下功能的控制电路：

1）按下 SB1，电动机连续正转；按下 SB2，电动机连续反转。

2）无论是正转还是反转，按下 SB3，电动机实现反接制动。

14．某机床用三相笼型异步电动机要实现正反转控制，且停车采用能耗制动。通过操作按钮可以实现电动机正转起动、反转起动以及点动能耗制动停车控制，请设计出其控制电路。

15．某三相异步电动机停车时要求采用速度原则控制的能耗制动，分析图 8-20 所示电路能否实现该控制要求，若能请分析工作原理，若不能请更改电路。

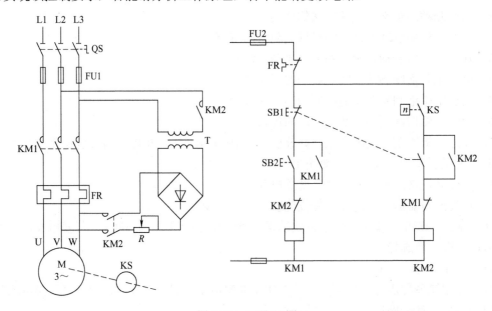

图 8-20　习题 15 图

项目 9　双速异步电动机控制电路的安装与调试

之前项目中的控制对象都是仅可以实现单一速度的电动机，在实际生产如 T68 镗床中，有时需要电动机以不同速度拖动生产机构运转，在实际生活如电梯中，当轿厢起步和即将到达指定楼层时，需要拖动电动机低速运转，中间运行时需要拖动电动机高速运转。

三相异步电动机转速计算公式为

$$n = (1-s)\frac{60f_1}{p}$$

由该转速公式可知，异步电动机想改变转速，可以用以下三种方法来实现：

1）改变电源频率 f_1：在其余参数不变的前提下，若 f_1 增大，则转速 n 随之增大；反之，f_1 减小则 n 减小。

2）改变转差率 s：在其余参数不变的前提下，若 s 增大，则转速 n 减小；反之，s 减小则 n 增大。

3）改变磁极对数 p：在其余参数不变的前提下，若 p 增大，则转速 n 减小；反之，p 减小则 n 增大。

改变磁极对数 p 来实现电动机调速的方法称为变极调速，变极调速是通过改变电动机定子绕组的连接方式来实现的，变极调速是有级调速，只适用于笼型异步电动机。磁极对数可改变的电动机称为多速电动机，常见的多速电动机有双速、三速、四速等类型。本项目主要针对双速电动机的手动换速和自动换速两种控制电路进行安装与调试。

学习目标

通过本项目的学习与训练，应达到以下目标：

1）了解三相异步电动机常见的调速方法。

2）掌握双速异步电动机定子绕组的连接方法。

3）能正确分析双速异步电动机的手动换速和自动换速两种控制电路的工作原理。

4）掌握双速异步电动机的手动换速和自动换速两种控制电路的安装与调试方法。

任务 1　手动换速控制电路的安装与调试

根据图 9-1 完成双速异步电动机手动换速控制电路的安装与调试任务，并掌握以下知识技能：

1）双速异步电动机定子绕组的连接方法。

2）双速异步电动机手动换速控制电路工作原理的分析方法。

3）双速异步电动机手动换速控制电路的安装与调试方法。

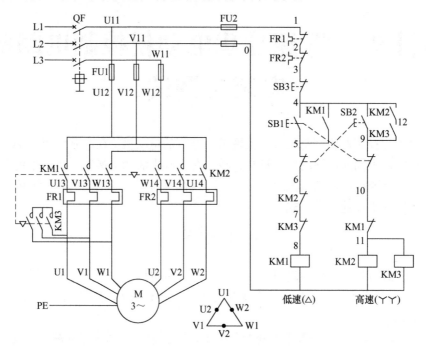

图 9-1　双速异步电动机手动换速控制电路图

【任务咨询】

1．双速异步电动机定子绕组的连接方法

图 9-2a（上）所示为双速异步电动机定子绕组默认状态（是△联结），由三相绕组连接点引出三个出线端（分别为 U1、V1、W1），从每相绕组的中点各引出一个出线端（分别为 U2、V2、W2），通过改变这六个出线端与电源的连接方式即可得到不同的转速。

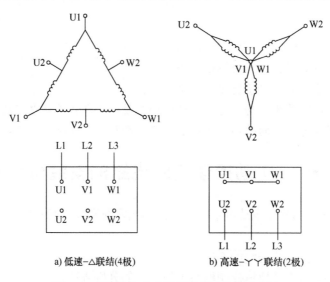

a) 低速-△联结(4极)　　b) 高速-丫丫联结(2极)

图 9-2　双速异步电动机定子绕组的连接方法

双速异步电动机低速运转时的定子绕组接线图如图 9-2a（下）所示，把三相电源分别接在出线端 U1、V1、W1 上，另外三个出线端 U2、V2、W2 空着不接，此时电动机定子绕组为△联结，磁极为 4 极，同步转速为 1500r/min。

双速异步电动机高速运转时的定子绕组接线图如图 9-2b（下）所示，把三个出线端 U1、V1、W1 连接在一起，三相电源分别接到另外三个出线端 U2、V2、W2 上，此时电动机定子绕组为丫丫联结，磁极为 2 极，同步转速为 3000r/min。

从两种定子绕组连接后的同步转速可以发现，双速异步电动机接成丫丫联结时的转速是接成△联结转速的两倍。另外还需要注意，双速异步电动机定子绕组从一种接法改变为另一种接法时，必须把电源相序反接，以保证电动机的旋转方向不变。双速异步电动机主电路的连接方法可以归纳为以下两点：

1）△联结：将三相电源分别引入电动机定子绕组的三个首端（U1、V1、W1）即可实现。

2）丫丫联结：电动机定子绕组首端（U1、V1、W1）短接，将三相电源分别引入电动机定子绕组尾端（注意一相不变、两相对换）即可实现。

2. 双速异步电动机手动换速控制电路的工作原理分析

图 9-1 所示双速异步电动机手动换速控制电路主要靠按钮来选择电动机的运行速度，在主电路中，KM1 闭合则电动机接成△联结，低速运行；KM2 和 KM3 闭合则电动机接成丫丫联结，高速运行；FR1 作低速过载保护，FR2 作高速过载保护，该控制电路的具体工作原理如下：

1）合上电源开关QF

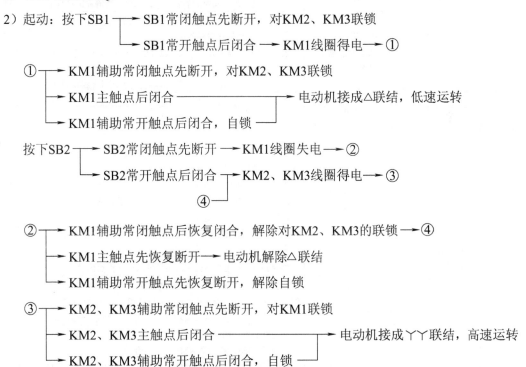

(此时若再次按下SB1，电动机会再次切换为△联结，低速运行)

3）停止：无论电动机处于何种运行状态，按下SB3，控制电路失电，电动机失电停止运转

【任务决策与实施】

1．工作前准备

1）穿戴好劳动防护用品。

2）清点器件、仪表、电工工具，并摆放整齐。

3）根据图 9-1 绘制布置图和接线图。

4）写出通电试车调试步骤（即如何操作、接触器如何动作、电动机如何运行）。

2．安装与调试步骤

双速异步电动机手动换速控制电路的安装与调试步骤见表 9-1，表中"具体执行及需记录内容"并不完整，缺失部分请自行补齐。

表 9-1　双速异步电动机手动换速控制电路的安装与调试步骤

序号	环节	步骤	具体执行及需记录内容
1	器件的检测与安装	1-1　根据电路图选择电气器件	根据图 9-1 写出所需电气器件：
		1-2　检测待用电气器件性能并记录必要的测试值	对已选出的器件进行检测，确保器件性能正常，并记录 KM1、KM2、KM3 的线圈电阻值，便于后期的电路检测计算
		1-3　将各电气器件的符号贴在对应的器件上	根据图 9-1 在贴纸上写好器件的符号： 将写好的贴纸贴到对应的器件上，确保贴号清晰可见且不影响后续操作
		1-4　根据已绘制好的布置图在网孔板上安装需要使用的各电气器件	根据图 9-1 绘制好布置图并进行器件安装，注意： 1）实际安装位置应与布置图一致 2）器件应安装整齐、牢固（器件固定用安装孔应全部安装，至少也需要保证对角安装） 3）安装时避免出现螺钉不正或用力过大，以免损伤器件固定用安装孔
2	控制电路的安装与调试	2-1　根据电路图和接线图，写出控制电路所需线号	在每段号码管（长 8mm）上写上所需要的线号，根据图 9-1 写出控制电路所需线号（具体线号及各线号的数量）：
		2-2　根据电路图和接线图，进行套号、接线	套号码管方法：在导线两端接线点处套入号码管，注意当从一个方向看网孔板上的号码管时，号码管方向应一致 接线原则：所有相同的线号需要用导线连接到一起（导线连接好后使用万用表测量，任意两个同号点之间应为导通状态），还需注意，一般情况下一根导线两端线号一定相同 达到以上原则的接线方法很多，此处建议初学者每次将同一线号全部接线完后再进行下一个线号的接线
		2-3　结合电路图核对接线	结合图 9-1 对电路中已接线线号依次进行检查核对
		2-4　使用万用表对电路进行基本检测	根据表 9-2 "第二步：控制电路检测"对控制电路 KM1 和 KM2、KM3 的起动和停止等功能进行检测，并记录相关数据，根据器件检查记录值估算理论值，若理论值与测量值相近（一致），则说明电路基本正常
		2-5　通电试车	将电源的两根相线接到端子排的 L1 和 L2 上，闭合电源开关： 1）按下 SB1，接触器 KM1 得电吸合 2）按下 SB2，接触器 KM1 断电释放，接触器 KM2、KM3 得电吸合 3）按下 SB1，接触器 KM2、KM3 断电释放，接触器 KM1 得电吸合 4）按下 SB3，控制电路失电 试车完毕后，断开电源开关，从端子排上取下电源的两根相线，注意通电期间不可以直接或间接触碰任何带电体

（续）

序　号	环　节	步　骤	具体执行及需记录内容
3	主电路的安装与调试	3-1　根据电路图和接线图，写出主电路所需线号	在每段号码管（长 8mm）上写上所需要的线号，根据图 9-1 写出主电路所需线号（具体线号及各线号的数量）： _____
		3-2　根据电路图和接线图，进行套号、接线	套号码管方法、接线原则和接线方法与本表步骤 2-2 一致
		3-3　结合电路图核对接线	接线核对方法与本表步骤 2-3 一致
		3-4　使用万用表对电路进行基本检测	根据表 9-2"第三步：主电路检测"对主电路 KM1、KM2、KM3 未压合、压合共六种状态进行检测，并记录相关数据，若估算理论值与测试值相近（一致），则说明电路基本正常 为防止出现电源线接错导致电源短路故障，建议根据表 9-2"第四步：防短路检测"进行检测
		3-5　通电试车	将电动机的 U1、V1、W1 和 U2、V2、W2 分别对应的接入端子排上的 U1、V1、W1 和 U2、V2、W2（根据电动机的额定电流整定好热继电器的整定电流：一般整定电流为被保护电动机额定电流的 0.95～1.05 倍），将电源的三根相线接到端子排的 L1、L2 和 L3 上，闭合电源开关： 1）按下 SB1，接触器 KM1 得电吸合，电动机低速运转 2）按下 SB2，接触器 KM1 断电释放，接触器 KM2、KM3 得电吸合，电动机高速运转（注意观察电动机高低速转向是否一致） 3）按下 SB1，接触器 KM2、KM3 断电释放，接触器 KM1 得电吸合，电动机低速运转 4）按下 SB3，控制电路失电，电动机惯性运转一段时间后停止 试车完毕后，断开电源开关，从端子排上取下电源的三根相线，注意通电期间不可以直接或间接触碰任何带电体

3．参考检测方法

表 9-2 为双速异步电动机手动换速控制电路的参考检测方法，主要包括器件检查、控制电路检测、主电路检测和防短路检测四部分。其中，器件检查阶段记录的线圈电阻值是为了后期推算理论值，以便判断测量值是否正确；控制电路检测主要检测起停功能是否正常，先根据器件检查阶段的测量值计算理论值，再将测量值与理论值对比，如基本一致则说明电路正常，如差别较大则需检查电路；主电路检测主要检测接触器主触点闭合时相关电路是否处于接通状态。控制电路检测仅给出部分操作方法，剩余部分请自行完善。

注意：整个检查阶段不接入电源、不接入电动机、电源开关已闭合。

表 9-2　双速异步电动机手动换速控制电路的参考检测方法

第一步：器件检查			
万用表档位	KM1 线圈电阻测量值	KM2 线圈电阻测量值	KM3 线圈电阻测量值
指针式 $R \times 100$			
第二步：控制电路检测			
万用表档位	指针式 $R \times 100$		
测试点	万用表两表笔分别放置在控制电路电源线上（如图 9-1 中的 L1 和 L2）		

（续）

序　号	测试功能	操作方法	理论电阻值	测量电阻值
1	未起动状态检测	无须操作		
2	KM1 起动与停止检测			
3	KM1 自锁与停止检测			
4	KM2、KM3 起动与停止检测			
5	KM2、KM3 自锁与停止检测			
6	KM1 与 KM2、KM3 联锁检测			

第三步：主电路检测				
万用表档位		指针式 $R\times1$		
序　号	操作方法	测试点	理论电阻值	测量电阻值
1	未压合 KM1	L1-U1		
		L2-V1		
		L3-W1		
2	压合 KM1	L1-U1		
		L2-V1		
		L3-W1		
3	未压合 KM2	L1-W2		
		L2-V2		
		L3-U2		
4	压合 KM2	L1-W2		
		L2-V2		
		L3-U2		
5	未压合 KM3	U1-V1		
		U1-W1		
		V1-W1		
6	压合 KM3	U1-V1		
		U1-W1		
		V1-W1		

第四步：防短路检测

　　以上参考检测方法建立在接线正确的情况下，为保证安全，建议增加防短路检测。在未接入电源、闭合电源开关、未接入电动机的前提下，具体方法如下：

　　1）不压合 KM1、KM2、KM3，L1、L2、L3 三根电源线间两两检测，电阻值都应为无穷大

　　2）压合 KM1，L1、L2、L3 三根电源线间两两检测，除 L1-L2 间会测得线圈电阻值以外，测得的另两个阻值应为无穷大

　　3）压合 KM2 和 KM3，L1、L2、L3 三根电源线间两两检测，除 L1-L2 间会测得线圈电阻值以外，测得的另两个电阻值应为无穷大

【任务评价】

　　在完成电路的安装与调试任务以后，请根据附录 A 进行任务评分，并对完成本任务过程中遇到的问题进行总结。

思考题

双速异步电动机手动换速控制电路在调试过程中，如果发现高低速运行方向不一致，试分析造成这一现象的原因。

任务 2 自动换速控制电路的安装与调试

根据图 9-3 完成双速异步电动机自动换速控制电路的安装与调试任务，并掌握以下知识技能：

1）双速异步电动机自动换速控制电路工作原理的分析方法。

2）双速异步电动机自动换速控制电路的安装与调试方法。

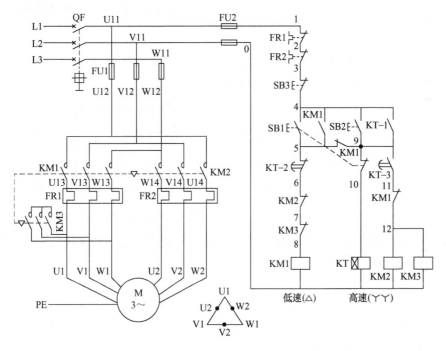

图 9-3 双速异步电动机自动换速控制电路图

【任务咨询】

双速异步电动机自动换速控制在实际生产设备中使用较多，如 T68 镗床的主轴电动机中就有应用，按下起动按钮，主轴电动机先低速运行，运行一段时间后可通过时间继电器自动切换为高速运行。

图 9-3 所示双速异步电动机自动换速控制电路主要靠按钮配合时间继电器来选择电动机的运行速度，其中 SB1 为低速运行起动按钮，SB2 为先低速再自动切换为高速运行的起动按钮，具体低速运行时间由时间继电器控制。在主电路中，KM1 闭合，电动机接成△联结，低速运行；KM2 和 KM3 闭合，电动机接成丫丫联结，高速运行；FR1 作低速过载保护，FR2 作高速过载保护，该控制电路的具体工作原理如下：

175

1）合上电源开关QF

2）低速运行起动：按下SB1 ┬ SB1常闭触点先断开，防止KT线圈得电

└ SB1常开触点后闭合 ─→ KM1线圈得电 ─→ ①

① ┬ KM1辅助常闭触点(11-12)先断开，对KM2、KM3联锁

├ KM1辅助常闭触点(5-9)先断开，防止KT线圈得电

├ KM1主触点后闭合 ─────────────→ 电动机接成△联结，低速运转

└ KM1辅助常开触点后闭合，自锁 ─┘

3）自动切换高速运行起动：按下SB2 ─→ KT线圈得电 ─→ KT瞬时常开触点闭合自锁，KT开始计时(此时电动机依然为低速运行) ─→ KT计时完成 ┬ KT通电延时断开常闭触点先断开 ─→ ②

└ KT通电延时闭合常开触点后闭合 ─┘

③ ─→ ④

② ─→ KM1线圈失电 ┬ KM1辅助常闭触点(11-12)后恢复闭合，解除对KM2、KM3的联锁 ─→ ③

├ KM1辅助常闭触点(5-9)后恢复闭合

├ KM1主触点先恢复断开 ─→ 电动机解除△联结

└ KM1辅助常开触点先恢复断开，解除自锁

④ ─→ KM2、KM3线圈得电 ┬ KM2、KM3辅助常闭触点先断开，对KM1联锁

└ KM2、KM3主触点后闭合 ─→ 电动机接成丫丫联结，高速运转

4）停止：无论电动机处于何种运行状态，按下SB3，控制电路失电，电动机失电停止运转

图 9-3 中，若直接按下 SB2（事先不按 SB1），电动机为先起动低速运行，再自动切换为高速运行，具体工作过程请自行分析。

【任务决策与实施】

1．工作前准备

1）穿戴好劳动防护用品。

2）清点器件、仪表、电工工具，并摆放整齐。

3）根据图 9-3 绘制布置图和接线图。

4）写出通电试车调试步骤（即如何操作、接触器如何动作、电动机如何运行）。

2．安装与调试步骤

双速异步电动机自动换速控制电路的安装与调试步骤见表 9-3，表中"具体执行及需记录内容"并不完整，缺失部分请自行补齐。

表 9-3　双速异步电动机自动换速控制电路的安装与调试步骤

序号	环节	步骤	具体执行及需记录内容
1	器件的检测与安装	1-1　根据电路图选择电气器件	根据图 9-3 写出所需电气器件：

（续）

序　号	环　节	步　骤	具体执行及需记录内容
1	器件的检测与安装	1-2　检测待用电气器件性能并记录必要的测试值	对已选出的器件进行检测，确保器件性能正常，并记录 KM1、KM2、KM3 和 KT 的线圈电阻值，便于后期的电路检测计算
		1-3　将各电气器件的符号贴在对应的器件上	根据图 9-3 在贴纸上写好器件的符号： 将写好的贴纸贴到对应的器件上，确保贴号清晰可见且不影响后续操作
		1-4　根据已绘制好的布置图在网孔板上安装需要使用的各电气器件	根据图 9-3 绘制好布置图并进行器件安装，注意： 1）实际安装位置应与布置图一致 2）器件应安装整齐、牢固（器件固定用安装孔应全部安装，至少也需要保证对角安装） 3）安装时避免出现螺钉不正或用力过大，以免损伤器件固定用安装孔
2	控制电路的安装与调试	2-1　根据电路图和接线图，写出控制电路所需线号	在每段号码管（长 8mm）上写上所需要的线号，根据图 9-3 写出控制电路所需线号（具体线号及各线号的数量）：
		2-2　根据电路图和接线图，进行套号、接线	套号码管方法：在导线两端接线点处套入号码管，注意当从一个方向看网孔板上的号码管时，号码管方向应一致 接线原则：所有相同的线号需要用导线连接到一起（导线连接好后使用万用表测量，任意两个同号点之间应为导通状态），还需注意，一般情况下一根导线两端线号一定相同 达到以上原则的接线方法很多，此处建议初学者每次把同一线号全部接线完后再进行下一个线号的接线
		2-3　结合电路图核对接线	结合图 9-3 对电路中已安装线号依次进行检查核对
		2-4　使用万用表对电路进行基本检测	根据表 9-4"第二步：控制电路检测"对控制电路 KM1 和 KM2、KM3 的各功能进行检测，并记录相关数据，根据器件检查记录值估算理论值，若理论值与测量值相近（一致），则说明电路基本正常
		2-5　通电试车	将电源的两根相线接到端子排的 L1 和 L2 上，闭合电源开关： 1）按下 SB1，接触器 KM1 得电吸合 2）按下 SB2，时间继电器 KT 得电吸合，计时时间（如 5s）到后接触器 KM1 断电释放，接触器 KM2、KM3 得电吸合 3）按下 SB3，控制电路失电 4）按下 SB2，时间继电器 KT 得电吸合，接触器 KM1 得电吸合，计时时间（如 5s）到后接触器 KM1 断电释放，接触器 KM2、KM3 得电吸合 5）按下 SB3，控制电路失电 试车完毕后，断开电源开关，从端子排上取下电源的两根相线，注意通电期间不可以直接或间接触碰任何带电体
3	主电路的安装与调试	3-1　根据电路图和接线图，写出主电路所需线号	在每段号码管（长 8mm）上写上所需要的线号，根据图 9-3 写出主电路所需线号（具体线号及各线号的数量）：
		3-2　根据电路图和接线图，进行套号、接线	套号码管方法、接线原则和接线方法与本表步骤 2-2 一致
		3-3　结合电路图核对接线	接线核对方法与本表步骤 2-3 一致
		3-4　使用万用表对电路进行基本检测	根据任务 1 表 9-2"第三步：主电路检测"对主电路 KM1、KM2、KM3 未压合、压合共六种状态进行检测，并记录相关数据，若估算理论值与测量值相近（一致），则说明电路基本正常 为防止出现电源线接错导致电源短路故障，建议根据表 9-2"第四步：防短路检测"进行检测

（续）

序号	环节	步骤	具体执行及需记录内容
3	主电路的安装与调试	3-5 通电试车	将电动机的 U1、V1、W1 和 U2、V2、W2 分别对应的接入端子排上的 U1、V1、W1 和 U2、V2、W2（根据电动机的额定电流整定好热继电器的整定电流：一般整定电流为被保护电动机额定电流的 0.95～1.05 倍），将电源的三根相线接到端子排的 L1、L2 和 L3 上，闭合电源开关： 1）按下 SB1，接触器 KM1 得电吸合，电动机低速运转 2）按下 SB2，时间继电器 KT 得电吸合，电动机继续低速运转，计时时间（如 5s）到后接触器 KM1 断电释放，接触器 KM2、KM3 得电吸合，电动机高速运转（注意观察电动机高低速是否与此处一致） 3）按下 SB3，控制电路失电，电动机惯性运转一段时间后停止 4）按下 SB2，时间继电器 KT 得电吸合，接触器 KM1 得电吸合，电动机低速运转，计时时间（如 5s）到后接触器 KM1 断电释放，接触器 KM2、KM3 得电吸合，电动机高速运转 5）按下 SB3，控制电路失电，电动机惯性运转一段时间后停止 试车完毕后，断开电源开关，从端子排上取下电源的三根相线，注意通电期间不可以直接或间接触碰任何带电体

3. 参考检测方法

表 9-4 为双速异步电动机自动换速控制电路的参考检测方法，主要包括器件检查、控制电路检测，主电路检测和防短路检测与任务 1 重合请参考表 9-2 进行检测。控制电路检测仅给出部分操作方法，剩余部分请自行完善。

注意：整个检查阶段不接入电源、不接入电动机、电源开关已闭合。

表 9-4　双速异步电动机自动换速控制电路的参考检测方法

第一步：器件检查			
万用表档位	KM1 线圈电阻测量值	KM2 线圈电阻测量值	KM3 线圈电阻测量值	KT 线圈电阻测量值
指针式 $R×100$				

第二步：控制电路检测	
万用表档位	指针式 $R×100$
测试点	万用表两表笔分别放置在控制电路电源线上（如图 9-3 中的 L1 和 L2）

序号	测试功能	操作方法	理论电阻值	测量电阻值
1	未起动状态	无须操作		
2	KM1 起动与停止检测			
3	KM1 自锁与停止检测			
4	KT 起动与停止检测	按下 SB2		
		按下 SB2，同时按下 SB3		
5	KT 自锁与停止检测	压合 KT		
		压合 KT，同时按下 SB3		
6	KM2、KM3 起动与停止检测	压合 KT，一段时间（KT 的计时时间）后		
		压合 KT，一段时间（KT 的计时时间）后，同时按下 SB3		
7	KM1 与 KM2、KM3 联锁检测	压合 KT、KM1、KM2 和 KM3		

【任务评价】

在完成电路的安装与调试任务以后，请根据附录 A 进行任务评分，并对完成本任务过程中遇到的问题进行总结。

 思考题

如果图 9-3 中 5-9 之间的 KM1 辅助常闭触点未安装，电路呈现的控制是怎样的？

习　　题

1．写出三相异步电动机的调速公式，并简述三相异步电动机的调速方法。

2．简述双速异步电动机主电路实现高低速运转的方法。

3．分析图 9-4 所示三个主电路能否实现双速控制，若不能，请说明其控制效果，并更正电路。

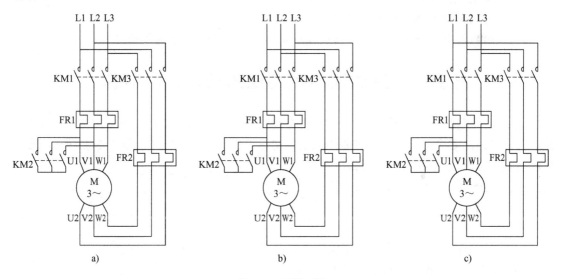

图 9-4　习题 3 图

4．某双速异步电动机能手动分别实现低速和高速的起动与运行，试画出其控制电路图。

5．某双速异步电动机要求低速起动，5s 后自动切换至高速运行，试画出其控制电路图。

6．有一台机械设备需要采用△／丫丫联结的双速异步电动机拖动，试画出其控制电路图，要求采用分级起动控制：

1）分别用两个按钮操作电动机的高速起动和低速起动，用一个总停按钮操作电动机的停止。

2）起动高速时，应先低速运行然后经延时后再高速运行。

3）应有短路保护与过载保护。

项目 10 电动机电气控制电路的设计与制作

在实际生产中，生产设备的种类繁多，各生产设备的电气控制要求也各不相同，之前项目学习的都是基础电气控制电路，想要实现不同的电气控制要求，就需要灵活地应用之前学习的基础知识来正确合理地设计电气控制电路，本项目选用两个任务来进行电气控制电路的设计方法介绍。

学习目标

通过本项目的学习与训练，应达到以下目标：
1）掌握电气控制电路的基本设计原则。
2）掌握电气控制电路的基本设计步骤。
3）掌握电气控制电路的基本实现方法。
4）能根据控制要求正确地设计出电气控制电路，并列写出元器件清单。

任务 1 自动往返控制电路的设计与制作

某一生产机械的工作台用一台三相异步电动机（Y-112M-4，4kW、380V、8.8A、△联结）拖动，对电路的要求：采用行程控制的原则，初始工作台停于原位（左限位 SQ2 处），按下起动按钮，工作台向终端驶去，到达终端，停留 5s 等待卸料，再返回原位结束，如图 10-1 所示。

根据以上控制要求设计出正确的电气控制电路，列写元器件清单，完成该控制电路的安装与调试，并掌握以下知识技能：

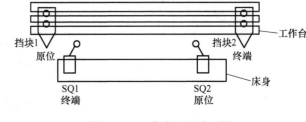

图 10-1 工作台运行演示图

1）电气控制电路的基本设计原则。
2）电气控制电路的基本设计步骤。
3）电气控制电路的基本实现方法（正反转、起动、停止、到位停等）。
4）自动往返控制电路的设计方法。

【任务咨询】

1. 电气控制电路的基本设计原则

电气控制电路是为整个机械设备和工艺过程服务的，在设计前应深入现场收集有关资料，进行必要的调查研究。电气控制电路的设计一般应遵循以下基本原则：
1）应最大限度地满足机械设备对电气控制电路的控制要求和保护要求。
2）在满足生产工艺要求的前提下，应力求电气控制电路简单、经济、合理。

3）保证控制的可靠性和安全性。

4）操作和维护方便。

2. 电气控制电路的设计方法

电气控制电路常用的设计方法有以下两种：

1）经验设计法：根据生产工艺要求，选择适当的基本控制电路，再把它们综合地组合在一起。该方法比较简单，在设计过程中要经过多次反复地修改和完善，才能使电路符合设计要求。

2）逻辑设计法：根据生产工艺要求，利用逻辑代数来分析、设计电路。该设计方法设计出来的电路比较合理，但掌握这种方法的难度较大，多用于完成较复杂生产工艺要求的控制电路。

3. 电气控制电路的基本设计步骤

编者综合两种给出本任务电气控制电路的基本设计步骤：

1）通读所需设计的电气控制要求，提取主电路需求（电动机种类、电动机数量、起动方式、运行方向、制动要求等）。

2）根据提取的主电路需求，设计主电路。

3）逐句分析各控制要求，最好具体到被控线圈的起动条件和停止条件。

4）各控制要求逐句实现，每实现一个控制要求，建议复审一次电路，以保证电气控制要求都能正常实现。

5）添加必要的保护措施（短路保护、过载保护等）。

为满足基本设计原则，除以上五个基本设计步骤以外，还要注意以下几点：

1）尽量减少不必要的触点以简化电路，提高电路的可靠性。

2）在满足控制要求的情况下，应尽量减少通电电器的数量，这样既可以节约电能，又可以延长电器使用寿命。

3）在控制电路中应避免出现寄生回路，非正常接通的电路称为寄生回路。如图 10-2 所示，正常起停时，电路正常工作，但当正转发生过载时，FR 动作，电路就出现了寄生回路，寄生回路的电流沿虚线流过 KM1 线圈，使 KM1 不能可靠释放，起不到过载保护的作用。

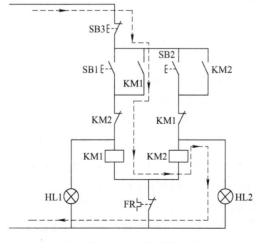

图 10-2　寄生回路

4）选用可靠的电气器件（机械和电气寿命符合要求、结构合理、动作可靠、抗干扰能力强等），以保证控制电路的可靠性和安全性。

4. 自动往返控制电路的设计

根据电气控制电路的基本设计步骤对本任务提出的工作台电气控制要求进行设计，具体设计步骤如下：

1）通读所需设计的电气控制要求，提取出主电路需求（电动机种类、电动机数量、起动方式、运行方向、制动要求）。根据本任务电气控制要求，提取出该控制电路的主电路需求：单台三相异步电动机的正反转。

2）根据提取出的主电路需求，设计主电路——三相异步电动机正反转主电路如图 10-3 所示，设定 KM1 得电工作台右行，KM2 得电工作台左行。

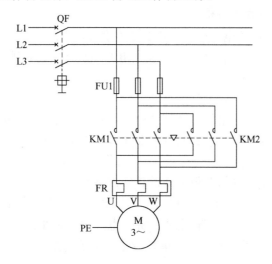

图 10-3　工作台自动往返的主电路

3）逐句分析各控制要求，最好具体到被控线圈的起动条件和停止条件。该工作台的电气控制要求具体分析如下：

① 初始工作台停于原位→工作台初始时处于压到行程开关 SQ2 的状态，此处应作为起动条件之一。

② 按下起动按钮，工作台向终端驶去（右行）→按下 SB1，KM1 得电，电动机正转，工作台右行。

③ 到达终端，停留 5s 等待卸料→压到 SQ1，KM1 失电，电动机停止正转，工作台停止右行，起动时间继电器 KT（KT 设定计时 5s）。

④ 停留 5s 等待卸料，再返回原位结束→KT 计时完成，KM2 线圈得电，电动机反转，工作台左行，压到 SQ2，KM2 线圈失电，电动机停止反转，工作台停止左行。

4）各控制要求逐句实现，每实现一个控制要求，建议复审一次电路，以保证电气控制要求都能正常实现。该工作台控制电路设计过程如下：

① 3）中①②需实现的功能：在工作台压到 SQ2 的前提下，按下 SB1，起动 KM1，起动的实现方法是将起动信号的常开触点串联到被起动元件的线圈上方，SQ2 和 SB1 共同作用时 KM1 才能起动，所以将 SQ2 常开触点与 SB1 常开触点串联作为 KM1 的起动信号。为了

使 KM1 在起动后可以连续得电，电动机可连续正转，所以需要添加自锁功能（对于没有明确描述是点动的控制，一般情况下都需要添加自锁功能），自锁是将需要保持得电的接触器的辅助常开触点并联在该接触器的起动信号两端，如图 10-4 所示。复查电路工作过程，按下 SB1（此时 SQ2 为压合状态），KM1 线圈得电自锁，电动机连续正转（右行），可实现功能要求。

② 3）-③需实现的功能：压到 SQ1，停止 KM1，起动 KT 开始计时，其中停止的实现方法是将停止信号的常闭触点串联到被停止元件的线圈的电源单线上，该步功能的控制电路如图 10-5 所示。复查电路工作过程，按下 SB1，KM1 线圈得电自锁，电动机连续正转（右行），行至 SQ1，KM1 失电，停止正转（右行），KT 线圈得电，此时电动机失电，工作台不移动，一直处于压合 SQ1 的状态，所以 KT 连续得电（无须自锁）计时 5s，可实现功能要求。

③ 3）-④需实现的功能：KT 计时完成后起动 KM2，KM2 的起动信号为 KT 的通电延时闭合常开触点，由于电动机得电后工作台会离开 SQ1，KT 会随之失电，所以需要加自锁，该步功能的控制电

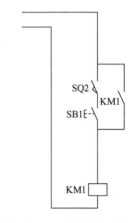

图 10-4　工作台自动往返的控制电路（1）

路如图 10-6 所示。复查电路工作过程，按下 SB1，KM1 线圈得电自锁，电动机连续正转（右行），行至 SQ1，KM1 失电，停止正转（右行），KT 线圈得电，此时电动机不得电，工作台不移动一直处于压合 SQ1 的状态，所以 KT 连续得电（无须自锁）计时 5s，KT 计时完成后，KT 通电延时闭合常开触点闭合，KM2 线圈得电自锁，电动机反转（左行），行至 SQ2，KM2 失电，停止反转（左行），可实现功能要求。

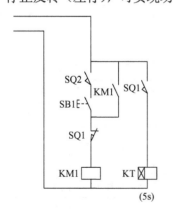

图 10-5　工作台自动往返的控制电路（2）

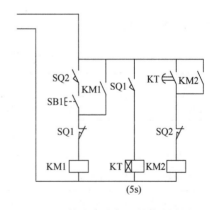

图 10-6　工作台自动往返的控制电路（3）

5）添加必要的保护措施（短路保护、过载保护等）。截至目前为止，工作台的电气控制功能已基本实现，需要添加短路保护（FU）、过载保护（FR）、失电压和欠电压保护（KM）、联锁、设备停止按钮（SB2）、终端极限保护（SQ3 和 SQ4），具体如图 10-7 所示。其中，本任务电气控制要求未对停止做要求，但正常情况下设备都应有停止按钮，起到停止的效果，

添加设备停止按钮（SB2）；另外 SQ3 和 SQ4 分别位于 SQ1 和 SQ2 的内端用于防止 SQ1 或 SQ2 失效造成工作台运行范围超出行程的问题，无论 SQ3 和 SQ4 都是发挥停止的作用来停止设备，以便进行设备检修。

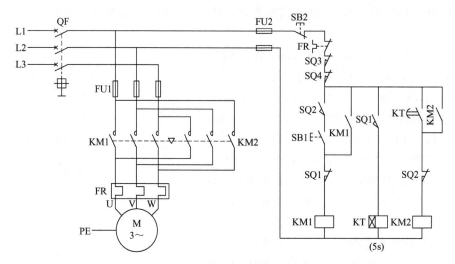

图 10-7　工作台自动往返的控制电路图

在上述设计过程中，各控制功能需要使用到的实现方法见附录 C。

【任务决策与实施】

1．自动往返控制电路的元器件清单

该控制电路的元器件选择，主要由三相异步电动机的参数决定，具体计算请自行参照项目 1 中提供的各器件选用方法，若书中提供的器件型号无法满足需求，可自行查找相关手册进行选择。表 10-1 为自动往返控制电路的参考元器件清单，表中导线可按 $4mm^2/A$ 估算，如想选择得更精准，可自行查找资料。

表 10-1　自动往返控制电路的参考元器件清单

序 号	名　称	型　号	规格与主要参数	数量	备　注
1	三相异步电动机	Y–112M–4	4kW、380V、8.8A、△联结	1 台	
2	断路器	DZ5–20/330	三极复式脱扣器、380V、20A	1 个	
3	按钮	LA20–2H	保护式、380V、5A、按钮数 2	1 个	
4	行程开关	LX19–111	单滚轮、滚轮装在传动杆内侧、能自动复位	4 个	
5	交流接触器	CJ10–20	20A、380V	2 个	
6	热继电器	JR36–20	三极、20A、热元件电流等级 11A、整定电流 8.8A	1 个	
7	熔断器	RL1–60/20	500V、60A（配熔体 20A）	3 个	FU1
		RL1–15/2	500V、15A（配熔体 2A）	2 个	FU2
8	接线端子排	TD–1520		2 个	
9	网孔板	600mm×500mm		1 块	

（续）

序 号	名 称	型 号	规格与主要参数	数量	备 注
10	试车专用线			若干	
11	塑料铜芯线	BVR2.5mm^2		5m	
12	塑料铜芯线	BVR1mm^2		10m	
13	线槽板			若干	
14	螺钉			若干	
15	万用表	MF500		1块	
16	号码管			5m	

2. 工作前准备

1）清点元器件、仪表、电工工具，并摆放整齐。

2）穿戴好劳动防护用品。

3）对设计出的电路图（见图 10-7）进行标号。

4）根据电路图绘制布置图和接线图。

3. 安装与调试步骤

工作台自动往返控制电路的安装与调试步骤见表 10-2，表中"具体执行及需记录内容"并不完整，缺失部分请自行补齐。

表 10-2 工作台自动往返控制电路的安装与调试步骤

序 号	环 节	步 骤	具体执行及需记录内容
1	器件的检测与安装	1-1 根据电路图选择电气器件	根据图 10-7 写出所需电气器件：
		1-2 检测待用电气器件性能并记录必要的测试值	对已选出的器件进行检测，确保器件性能正常，对时间继电器 KT 进行初步时间设定（如 5s），并记录 KM1、KM2、KT 的线圈电阻值，便于后期的电路检测计算
		1-3 将各电气器件的符号贴在对应的器件上	根据图 10-7 在贴纸上写好器件的符号： 将写好的贴纸贴到对应的器件上，确保贴号清晰可见且不影响后续操作
		1-4 根据已绘制好的布置图在网孔板上安装需要使用的各电气器件	根据图 10-7 绘制好布置图并进行器件安装，注意： 1）实际安装位置应与布置图一致 2）器件应安装整齐、牢固（器件固定用安装孔应全部安装，至少也需要保证对角安装） 3）安装时避免出现螺钉不正或用力过大，以免损伤器件固定用安装孔
2	控制电路的安装与调试	2-1 根据电路图和接线图，写出控制电路所需线号	在每段号码管（长 8mm）上写上所需要的线号，根据图 10-7 写出控制电路所需线号（具体线号及各线号的数量）：
		2-2 根据电路图和接线图，进行套号、接线	套号码管方法：在导线两端接线点处套入号码管，注意当从一个方向看网孔板上的号码管时，号码管方向应一致 接线原则：所有相同的线号需要用导线连接到一起（导线连接好后使用万用表测量，任意两个同号点之间应为导通状态），还需注意一般情况下一根导线两端线号一定相同 达到以上原则的接线方法很多，此处建议初学者每次将同一个线号全部接线完后再进行下一个线号的接线
		2-3 结合电路图核对接线	结合图 10-7 对电路中已接线线号依次进行检查核对

（续）

序号	环节	步骤	具体执行及需记录内容
2	控制电路的安装与调试	2-4 使用万用表对电路进行基本检测	根据表 10-3 "第二步：控制电路检测"对控制电路 KM1 和 KM2 的各功能进行检测，并记录相关数据，根据器件检查记录值估算理论值，若理论值与测量值相近（一致），则说明电路基本正常
		2-5 通电试车	将电源的两根相线接到端子排的 L1 和 L2 上，闭合电源开关，按照该控制电路的控制要求进行调试 试车完毕后，断开电源开关，从端子排上取下电源的两根相线，注意通电期间不可以直接或间接触碰任何带电体
3	主电路的安装与调试	3-1 根据电路图和接线图，写出主电路所需线号	在每段号码管（长 8mm）上写上所需要的线号，根据图 10-7 写出主电路所需线号（具体线号及各线号的数量）： _____
		3-2 根据电路图和接线图，进行套号、接线	套号码管方法、接线原则和接线方法与本表步骤 2-2 一致
		3-3 结合电路图核对接线	接线核对方法与本表步骤 2-3 一致
		3-4 使用万用表对电路进行基本检测	参考项目 4 任务 3 的表 4-9 "第三步：主电路检测"对主电路 KM1、KM2 未闭合、压合共四种状态进行检测，并记录相关数据，若估算理论值与测量值相近（一致），则说明电路基本正常 为防止出现电源线接错导致电源短路故障，建议根据表 4-9 "第四步：防短路检测"进行检测
		3-5 通电试车	将电动机定子绕组按电动机铭牌要求接成指定形式后，再将电动机的 U1、V1、W1 分别对应的接入端子排上的 U、V、W（根据电动机的额定电流整定好热继电器的整定电流：一般整定电流为被保护电动机额定电流的 0.95～1.05 倍），将电源的三根相线接到端子排的 L1、L2 和 L3 上，闭合电源开关，按照该控制电路的控制要求进行调试，注意观察电动机运行方向是否正确 试车完毕后，断开电源开关，从端子排上取下电源的三根相线，注意通电期间不可以直接或间接触碰任何带电体

4. 参考检测方法

表 10-3 为自动往返控制电路的参考检测方法，主要包括器件检查和控制电路检测，主电路检测和防短路检测与项目 4 任务 3 一致，不再列出。其中，器件检查阶段记录线圈电阻值是为了后期推算理论值，以便判断测量值是否正确。控制电路检测仅给出部分操作方法，剩余部分请自行完善。

注意：整个检查阶段不接入电源、不接入电动机、电源开关已闭合。

表 10-3 自动往返控制电路的参考检测方法

第一步：器件检查			
万用表档位	KM1 线圈电阻测量值	KM2 线圈电阻测量值	KT 线圈电阻测量值
指针式 $R×100$			
第二步：控制电路检测			
万用表档位	指针式 $R×100$		
测试点	万用表两表笔分别放置在控制电路电源线上（如图 10-7 中的 L1 和 L2）		
序号	测试功能	操作方法	理论电阻值 / 测量电阻值
1	未起动状态检测	无须操作	
2	KM1 起动与停止检测		

（续）

序号	测试功能	操作方法	理论电阻值	测量电阻值
3	KM1 自锁与停止检测			
4	KT 起动与停止检测			
5	KM2 起动与停止检测			
6	KM2 自锁与停止检测			
7	KM1 与 KM2 联锁检测			

【任务评价】

在完成电路的安装与调试任务以后，请根据附录 A 进行任务评分，并对完成本任务过程中遇到的问题进行总结。

任务 2　正反转丫-△减压起动控制电路的设计与制作

某传送带采用电动机拖动，要求电动机采用时间原则控制的正反转丫-△减压起动。电动机型号为 Y-112M-4，4kW、380V、△联结、8.8A、1440r/min。

根据以上控制要求设计出正确的电气控制电路、列写元器件清单，完成该控制电路的安装与调试，并掌握以下知识技能：

1）电气控制电路的基本设计步骤。
2）电气控制电路的基本实现方法（正反转、起动、停止、丫-△联结等）。
3）时间原则控制的正反转丫-△减压起动控制电路的设计方法。

【任务咨询】

根据电气控制电路的基本设计步骤，对本任务提出的时间原则控制的正反转 丫-△减压起动控制电路进行设计，具体设计过程如下：

1）通读所需设计的电气控制要求，提取主电路需求（电动机种类、电动机数量、起动方式、运行方向、制动要求等）。根据本任务电气控制要求，提取出该控制电路的主电路需求：单台三相异步电动机的正反转、丫-△减压起动。

2）根据提取的主电路需求，设计出主电路——三相异步电动机为正反转和丫-△减压起动（丫：U2、V2、W2 短接，△：三相首尾依次相接）组合的主电路，如图 10-8 所示，设定 KM1 得电时电动机正转，KM2 得电时电动机反转，KM3 得电时电动机接成丫联结，KM4 得电时电动机接成△联结。

3）逐句分析各控制要求，最好具体到被控线圈的起动条件和停止条件。本电路的电气控制要求描述比较简单，需要自行填充控制要求，具体功能分析如下：

① 按下 SB1，电动机正转减压起动，5s 后电动机自动切换为正转全压运行→按下 SB1，

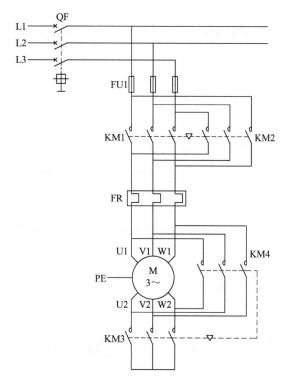

图 10-8　时间原则控制的正反转丫-△减压起动控制的主电路

KM1 和 KM3 得电；KM1 得电的同时 KT 线圈得电起动计时，5s 后 KM3 失电、KM4 得电。

② 按下 SB3，电动机失电停止正转→按下 SB3，KM1、KM3、KM4、KT 全部失电。

③ 按下 SB2，电动机反转减压起动，5s 后电动机自动切换为反转全压运行→按下 SB2，KM2 和 KM3 得电。KM2 得电的同时 KT 线圈得电起动计时，5s 后 KM3 失电、KM4 得电。

④ 按下 SB3，电动机失电停止反转→按下 SB3，KM2、KM3、KM4、KT 全部失电。

4）各控制要求逐句实现，每实现一个控制要求，建议复审一次电路，以保证电气控制要求都能正常实现，该传送带控制电路设计过程如下：

① 3）-①②需实现的功能：按下 SB1，KM1 和 KM3 得电；KM1 得电的同时 KT 线圈得电起动计时，5s 后 KM3 失电、KM4 得电；按下 SB3，KM1、KM3、KM4、KT 全部失电。要实现这部分功能，需要使用到起动、自锁和停止三种方法，具体可自行查找附录 C。按下 SB1，起动 KM1 和 KM3 以及 KT，由于 KM1 得电时间最长，所以使用 KM1 自锁，5s 后使用 KT 通电延时断开常闭触点停止 KM3、通电延时闭合常开触点起动 KM4，按下 SB3，停止 KM1、KM3、KM4、KT，符合电气控制要求的控制电路如图 10-9 所示。复查电路工作过程，按下 SB1，KM1、KM3 和 KT 线圈得电自锁，电动机接成丫联结正转减压起动，5s 后 KM3 线圈失电、KM4 线圈得电，电动机接成△联结正转全压运行；按下 SB3，控制电路失电，电动机停止正转，可实现功能要求。

② 3）-③④需实现的功能与 3）-①②相似，只是由正转变为反转，KM1 变为 KM2 即可实现，如图 10-10 所示。当两部分控制电路直接画在一起时，会出现 KT、KM3 和 KM4 线圈重复（出现两次）的情况，这是不可行的，需要将两张电路图处理后才可以合并，仔细观察两电路图可以发现，KT、KM3 和 KM4 线圈能得电主要由 KM1 辅助常开触点和 KM2 的辅

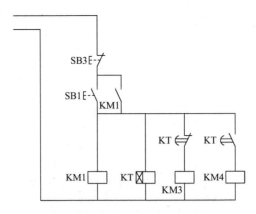

图 10-9　时间原则控制的正反转丫-△减压起动控制的控制电路（1）

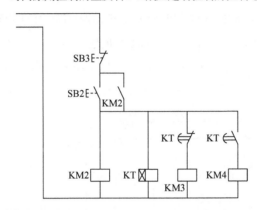

图 10-10　时间原则控制的正反转丫-△减压起动控制的控制电路（2）

助常开触点实现，因此将图 10-10 中 KT、KM3 和 KM4 线圈独立处理，如图 10-11 所示。该电路与图 10-11 所示电路实现的效果是一样的。按同样方法将正转独立处理后，将两张电路图合并，电路如图 10-12 所示。复查电路工作过程，按下 SB1，KM1、KM3 和 KT 线圈得电自锁，电动机接成丫联结，正转减压起动，5s 后 KM3 线圈失电、KM4 线圈得电，电动机接成△联结，正转全压运行；按下 SB3，控制电路失电，电动机停止正转；按下 SB2，反转工作过程类似，可实现功能要求。

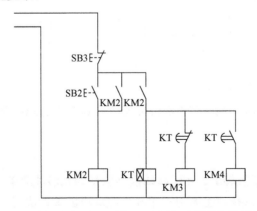

图 10-11　时间原则控制的正反转丫-△减压起动控制的控制电路（3）

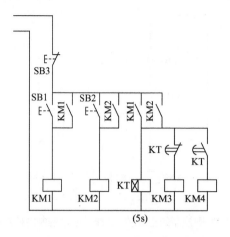

图 10-12　时间原则控制的正反转丫-△减压起动控制的控制电路（4）

③ 添加必要的保护措施（短路保护、过载保护等）。至此，电气控制功能已基本实现，需要添加短路保护（FU）、过载保护（FR）、失电压保护和欠电压保护（KM）、联锁，具体如图 10-13 所示。

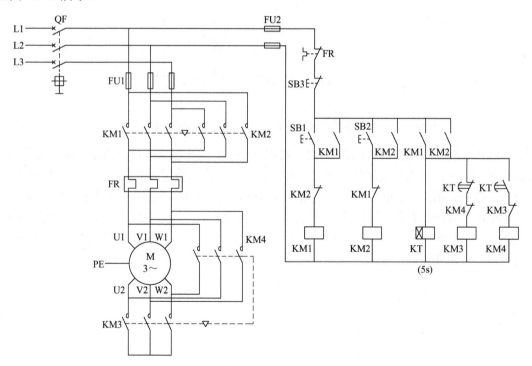

图 10-13　时间原则控制的正反转丫-△减压起动控制电路图

【任务决策与实施】

1. 时间原则控制的正反转丫-△减压起动控制电路的元器件清单

该控制电路的元器件选择，主要由三相异步电动机的参数决定，具体计算请自行参照项目 1 中提供的各器件选用方法，若书中提供的器件型号无法满足需求，可自行查找相关的手册进行选择，表 10-4 为时间原则控制的正反转丫-△减压起动控制电路的参考元器件清单，表中导线可按 4mm²/A 估算，如想选择得更精准，可自行查找资料。

表 10-4　时间原则控制的正反转丫-△减压起动控制电路的参考元器件清单

序　号	名　　称	型　号	规格与主要参数	数量	备注
1	三相异步电动机	Y-112M-4	4kW、380V、8.8A、△联结	1 台	
2	断路器	DZ5-20/330	三极复式脱扣器、380V、20A	1 个	
3	组合三联按钮	LA10-3H	保护式、380V、5A、按钮数 3	1 个	
4	交流接触器	CJ10-20	20A、380V	2 个	
5	热继电器	JR36-20	三极、20A、热元件电流等级 11A、整定电流 8.8A	1 个	
6	熔断器	RL1-60/20	500V、60A（配熔体 20A）	3 个	FU1
		RL1-15/2	500V、15A（配熔体 2A）	2 个	FU2
7	接线端子排	TD-1520		2 个	
8	网孔板	600mm×500mm		1 块	
9	试车专用线			若干	
10	塑料铜芯线	BVR2.5mm²		5m	
11	塑料铜芯线	BVR1mm²		10m	
12	线槽板			若干	
13	螺钉			若干	
14	万用表	MF500		1 块	
15	号码管			5m	

2．工作前准备

1）清点器件、仪表、电工工具，并摆放整齐。

2）穿戴好劳动防护用品。

3）对设计出的电路图（见图 10-13）进行标号。

4）根据电路图绘制布置图和接线图。

3．安装与调试步骤

时间原则控制的正反转 丫-△减压起动控制电路的安装与调试步骤见表 10-5，表中"具体执行及需记录内容"并不完整，缺失部分请自行补齐。

表 10-5　时间原则控制的正反转丫-△减压起动控制电路的安装与调试步骤

序　号	环　节	步　骤	具体执行及需记录内容
1	器件的检测与安装	1-1　根据电路图选择电气器件	根据图 10-13 写出所需电气器件：_____
		1-2　检测待用电气器件性能并记录必要的测试值	对已选出的器件进行检测，确保器件性能正常，对时间继电器 KT 进行初步时间设定（如 5s），并记录 KM1～KM4 和 KT 的线圈电阻值，便于后期的电路检测计算

（续）

序 号	环 节	步 骤	具体执行及需记录内容
1	器件的检测与安装	1-3 将各电气器件的符号贴在对应的器件上	根据图 10-13 在贴纸上写好器件的符号： 将写好的贴纸贴到对应的器件上，确保贴号清晰可见且不影响后续操作
		1-4 根据已绘制好的布置图在网孔板上安装需要使用的各电气器件	根据图 10-13 绘制好布置图并进行器件安装，注意： 1）实际安装位置应与布置图一致 2）器件应安装整齐、牢固（器件固定用安装孔应全部安装，至少也需要保证对角安装） 3）安装时避免出现螺钉不正或用力过大，以免损伤器件固定用安装孔
2	控制电路的安装与调试	2-1 根据电路图和接线图，写出控制电路所需线号	在每段号码管（长 8mm）上写上所需要的线号，根据图 10-13 写出控制电路所需线号（具体线号及各线号的数量）：
		2-2 根据电路图和接线图，进行套号、接线	套号码管方法：在导线两端接线点处套入号码管，注意当从一个方向看网孔板上的号码管时，号码管方向应一致 接线原则：所有相同的线号需要用导线连接到一起（导线连接好后使用万用表测量，任意两个同号点之间应为导通状态），还需注意一般情况下一根导线两端线号一定相同 达到以上原则的接线方法很多，此处建议初学者每次将同一个线号全部接线完后再进行下一个线号的接线
		2-3 结合电路图核对接线	结合图 10-13 对电路中已接线线号依次进行检查核对
		2-4 使用万用表对电路进行基本检测	根据表 10-6 "第二步：控制电路检测"对控制电路 KM1～KM4 的各功能进行检测，并记录相关数据，根据器件检查记录值估算理论值，若理论值与测量值相近（一致），则说明电路基本正常
		2-5 通电试车	将电源的两根相线接到端子排的 L1 和 L2 上，闭合电源开关，按照该控制电路的控制要求进行调试 试车完毕后，断开电源开关，从端子排上取下电源的两根相线，注意通电期间不可以直接或间接触碰任何带电体
3	主电路的安装与调试	3-1 根据电路图和接线图，写出主电路所需线号	在每段号码管（长 8mm）上写上所需要的线号，根据图 10-13 写出主电路所需线号（具体线号及各线号的数量）：
		3-2 根据电路图和接线图，进行套号、接线	套号码管方法、接线原则和接线方法与本表步骤 2-2 一致
		3-3 结合电路图核对接线	接线核对方法与本表步骤 2-3 一致
		3-4 使用万用表对电路进行基本检测	根据表 3-3 和表 7-7 "第三步：主电路检测"对主电路进行检测，并记录相关数据，如果估算理论值与测量值相近（一致），则说明电路基本正常 为防止出现电源线接错导致电源短路故障，建议根据表 10-6 "第三步：防短路检测"进行检测
		3-5 通电试车	将电动机定子绕组的 U1、V1、W1、U2、V2 和 W2 分别接入端子排上对应的 U1、V1、W1、U2、V2 和 W2（根据电动机的额定电流整定好热继电器的整定电流：一般整定电流为被保护电动机额定电流的 0.95～1.05 倍），将电源的三根相线接到端子排的 L1、L2 和 L3 上，闭合电源开关，按照该控制电路的控制要求进行调试 试车完毕后，断开电源开关，从端子排上取下电源的三根相线，注意通电期间不可以直接或间接触碰任何带电体

4．参考检测方法

表 10-6 为时间原则控制的正反转 Y-△ 减压起动控制电路的参考检测方法，主要包括器件检查、控制电路检测和防短路检测，主电路检测请参考项目 3 任务 1（表 3-3）和项目 7 任务 2（表 7-7）。其中，器件检查阶段记录的线圈电阻值是为了后期推算理论值，以便判断测量值是否正确。由于该电路为接触器联锁正反转和 Y-△ 减压起动控制的组合电路，所以控制电路检测仅给出部分操作方法，剩余部分请自行完善。

注意： 整个检查阶段不接入电源、不接入电动机、电源开关已闭合。

表 10-6　时间原则控制的正反转 Y-△ 减压起动控制电路的参考检测方法

第一步：器件检查				
万用表档位	KM1 线圈电阻测量值	KM2 线圈电阻测量值	KM3 线圈电阻测量值	KM4 线圈电阻测量值	KT 线圈电阻测量值
指针式 $R×100$				

第二步：控制电路检测				
万用表档位	指针式 $R×100$			
测试点	万用表两表笔分别放置在控制电路电源线上（如图 10-13 中的 L1 和 L2）			

序号	测试功能	操作方法	理论电阻值	测量电阻值
1	未起动状态检测	无须操作		
2	KM1 起动与停止检测			
3	KM1 自锁与停止检测			
4	KM2 起动与停止检测			
5	KM2 自锁与停止检测			
6	KM1 与 KM2 联锁检测			
7	正转减压起动检测	压合 KM1 和 KT		
8	正转全压运行检测	压合 KM1 和 KT 5s 后		
9	反转转减压起动检测	压合 KM2 和 KT		
10	反转转全压运行检测	压合 KM2 和 KT 5s 后		
11	KM3 和 KM4 联锁检测	同时压合 KM1（或 KM2）、KM3 和 KM4		

第三步：防短路检测
以上参考检测方法建立在接线正确的情况下，为保证安全，建议增加防短路检测。在未接入电源、闭合电源开关、未接入电动机的前提下，具体方法如下： 1）不压合 KM1、KM2、KM3 和 KM4，L1、L2、L3 三根电源线间两两检测，电阻值都应为无穷大 2）压合 KM1+KM3、KM1+KM4、KM2+KM3、KM2+KM4，L1、L2、L3 三根电源线间两两检测，除 L1-L2 间会测得线圈电阻值以外，测得的另两个电阻值应为无穷大

【任务评价】

在完成电路的安装与调试任务以后，请根据附录 A 进行任务评分，并对完成本任务过程中遇到的问题进行总结。

 思考题

图 10-13 所示电路图中的 KT 线圈一旦起动会一直处于得电状态，为节约电能，延长 KT 使用寿命，应如何改进？

习   题

1．简述电气控制电路的基本设计原则。

2．简述电气控制电路的基本设计步骤。

3．某运动控制系统的电动机要求有单向连续和点动控制，电动机型号为 Y–112M–4，4kW、380V、△联结、8.8A、1440r/min。按要求完成电路设计，并列写元器件清单。

4．某生产机械要求正反转，由一台三相异步电动机拖动，电动机型号为 Y–112M–4，4kW、380V、△联结、8.8A、1440r/min，由接触器实现联锁。按要求完成电路设计，并列写元器件清单。

5．某生产机械要求正反转，由一台三相异步电动机拖动，电动机型号为 Y–112M–4，4kW、380V、△联结、8.8A、1440r/min，由接触器和按钮实现双重联锁。按要求完成电路设计，并列写元器件清单。

6．某磨床工作台的运动有前进、后退，工作台运动时碰到两端的限位开关后自动反向，行程两端装有极限保护位置开关，即要求工作台在两端进行自动往返，由两端的限位开关实现自动控制，工作台拖动电动机型号为 Y–112M–4，4kW、380V、△联结、8.8A、1440r/min。按要求完成电路设计，并列写元器件清单。

7．某机床，要求在加工前先给机床提供液压油，对机床床身导轨进行润滑，这就要求先起动液压泵电动机后才能起动机床的工作台拖动电动机；当机床停止时要求先停止工作台拖动电动机，才能让液压泵电动机停止。液压泵电动机为三相异步电动机，型号为 Y2–90L–4，1.5kW、380V、50Hz、Y联结、3.72A、1400r/min；工作台拖动电动机型号为 Y–112M–4，4kW、380V、△联结、8.8A、1440r/min。按要求完成电路设计，并列写元器件清单。

8．某系统由两台电动机 M1 和 M2 拖动，拖动要求：M1 先起动，经过 10s 后 M2 起动；M2 起动后，M1 立即停止。电动机型号为 Y–112M–4，4kW、380V、△联结、8.8A、1440r/min。请按要求完成电路设计，并列写元器件清单。

9．某系统由三台电动机 M1、M2 和 M3 拖动，拖动要求：M1 先起动，经过 10s 后 M2 起动，M1 立即停止；M2 起动 15s 后，M3 起动，M2 立即停止。电动机型号为 Y–112M–4，4kW、380V、△联结、8.8A、1440r/min。按要求完成电路设计，并列写元器件清单。

10．为提高制动速度与准确性，某拖动系统采用时间原则控制的单向运行能耗制动控制。用二极管桥式整流电路产生直流电源，电动机型号为 Y–112M–4，4kW、380V、△联结、8.8A、1440r/min。按要求完成电路设计，并列写元器件清单。

11．某三相异步电动机停车时要求采用速度原则控制的能耗制动，电动机要求单向运转、手动控制，用二极管桥式整流电路产生直流电源，电动机型号为 Y–112M–4，4kW、380V、△联结、8.8A、1440r/min。按要求完成电路设计，并列写元器件清单。

12．某双速异步电动机能手动分别实现低速和高速的起动与运行，双速电动机型号为 YD802–4/2，极数为 2/4 极，额定功率为 0.55kW/0.75kW，额定电压为 380V，额定转速为 1420r/min/2860r/min。按要求完成电路设计，并列写元器件清单。

附　　录

附录 A　继电器控制电路的安装与调试评分表

评价内容		配　分	考　核　点	得　分
职业素养与操作规范 （20分）	工作前准备	10	1. 清点元器件、仪表、电工工具，并摆放整齐，工具准备少一项扣2分，工具摆放不整齐扣5分 2. 穿戴好劳动防护用品，没有穿戴好劳动防护用品扣10分	
	6S 规范	10	1. 操作过程中及作业完成后，工具、仪表、元器件、设备等摆放不整齐，扣2分 2. 操作过程中做与本任务无关的事，扣10分 3. 作业过程中违反安全用电规范，扣2分/处 4. 作业完成后未清理、清扫工作现场，扣5分	
作品 （80分）	元器件布置安装	20	1. 不按规程正确布置、安装，扣10分 2. 元器件松动、不整齐，扣3分/处 3. 损坏元器件，扣10分/处 4. 不用仪表检查元器件，扣2分	
	安装工艺、操作	20	1. 导线必须在线槽内走线，接触器外部不允许有直接连接的导线，线槽出线应整齐美观，不符合要求扣2分/处 2. 线路连接、套管、标号应符合工艺要求。接线无套管、标号扣1分/处；器件、线头松，扣2分/处；工艺不符合要求扣2分/处 3. 安装完毕后应盖好盖板，未盖盖板扣3分	
	相关文档	10	1. 手工绘制器件布置图，不正确扣1~3分 2. 手工绘制接线图，不正确扣1~4分 3. 写出系统的调试步骤，不正确扣1~3分	
	功能	30	1. 参数整定值超出上下限要求的10%，扣10分 2. 元器件未整定，扣5分/处；参数记录缺失，扣5分/项 3. 第一次调试不成功，扣15分 4. 第二次调试不成功，扣30分	
工时	180min		最终得分	

附录 B　继电器控制电路（槽板）的安装与调试工艺规范

序　号	操作 环节	操作步骤	详细描述
1	器件安装	按元器件明细表配齐电气器件，并进行检验	所有电气器件，至少应具有制造厂的名称或商标、型号或索引号、工作电压性质和数值等标志。若工作电压标志在操作线圈上，则应使装在器件线圈上的标志显而易见
		检查电气器件	安装接线前应对所使用的电气器件逐个进行检查，避免电气器件故障与线路错接、漏接造成的故障混在一起。对电气器件的检查主要包括以下几个方面： 1. 电气器件外观是否清洁、完整；外壳有无碎裂；零部件是否齐全、有效；各接线端子及紧固件有无缺失、生锈等现象

序　号	操作环节	操作步骤	详细描述
1	器件安装	检查电气器件	2. 电气器件的触点有无熔焊黏结、变形、严重氧化锈蚀等现象；触点的闭合、分断动作是否灵活；触点的开距、超程是否符合标准；接触压力弹簧是否有效 3. 低压电器中的电磁机构和传动部件的动作是否灵活；有无衔铁卡阻、吸合位置不正等现象；新品使用前应拆开清除铁心端面的防锈油，检查衔铁复位弹簧是否正常 4. 用万用表或电桥检查所有器件电磁线圈（包括继电器、接触器及电动机）的通断情况，测量它们的直流电阻并做好记录，以备在检查线路和排除故障时作为参考 5. 检查有延时作用的电气器件的功能；检查热继电器的热元件和触点的动作情况 6. 核对各电气器件的规格与图样要求是否一致 电气器件先检查、后使用，避免安装、接线后发现问题再拆换，提高电路安装的工作效率
		固定电气器件	器件应按照布置图进行安装，并且做到整齐、牢固、位置合理（建议相邻两器件间距为 $10\sim15mm$）
2	电路安装	按图连接导线（槽板工艺）	接线前应做好准备工作，如按主电路、辅助电路的电流容量选好规定截面面积的导线；准备适当的号码管；使用多股线时应准备烫锡工具或压接钳等 注意事项如下： 1. 主电路与辅助电路导线颜色要区分开 2. 连接导线时，一般从电源端起按接线号顺序进行，先接辅助电路，再接主电路 3. 辅助电路接线时，建议先将所有线圈的公共端连好，再按控制功能分区接线，或按接线号连接 4. 导线接线时，注意接线点不可以裸铜过长、压绝缘、有毛刺、接线不牢靠，同一接线点最多接两根线，接线端子位置尽量每点只接一根线 5. 导线长度正常情况下，应在连接所需长度基础上预留一定长度（如20cm），以便后期维护 6. 导线布局时以节省导线为原则，槽外导线连接器件后应呈自然垂下状态，不可以过于紧绷，且必须进槽，垂直接线点出线进同一槽孔 7. 槽内导线数量一般来说要求占槽70%以内为优，最低要求可以盖上槽板盖 8. 电源、电动机、按钮、开关等板外器件需经接线端子接入板内，不可以直接连接，电源线注意左零线右相线原则
3	电路检查	核对接线	对照电路图、接线图，从电源开始处逐段核对端子接线的线号，排除漏接、错接现象，重点检查辅助电路中容易错接处的线号，还应核对同一根导线的两端是否错号
		检查端子接线是否牢固	检查端子所有接线的接触情况，用手一一摇动，拉拔端子的接线，不允许有松动与脱落现象，避免通电调试时因虚接造成的麻烦，将故障排除在通电之前
		万用表导通法检查	在控制电路不通电时，手动模拟电器的操作动作，用万用表检查与测量电路的通断情况。根据电路控制动作来确定检查步骤和内容；根据电路图和接线图选择测量点。先断开控制电路，以便检查主电路的情况；然后再断开主电路，以便检查控制电路的情况
4	电路调试	调试前准备	为保证安全，通电调试必须在指导老师的监护下进行。调试前应做好准备工作，包括清点工具，清除安装底板上的线头杂物，装好接触器的灭弧罩，检查各组熔断器的熔体，分断各开关使按钮、行程开关处于未操作前的状态，检查三相电源是否对称等
		空操作试验	先切除主电路（一般可断开主电路熔断器），装好控制电路熔断器，接通三相电源，使电路不带负载（电动机）通电操作，以检查控制电路工作是否正常。操作各按钮，检查它们对接触器、继电器的控制作用；检查接触器的自锁、联锁等控制作用；用绝缘棒操作行程开关，检查它的行程控制或限位控制作用等。还要观察各电器操作动作的灵活性，注意有无卡住或阻滞等不正常现象；细听电器动作时有无过大的振动噪声；检查有无线圈过热等现象

（续）

序 号	操作环节	操作步骤	详细描述
4	电路调试	带负载调试	控制电路经过数次空操作试验动作无误后即可切断电源，接通主电路，带负载调试。电动机起动前应先做好停机准备，起动后要注意它的运行情况。如果发现电动机起动困难、发出噪声及线圈过热等异常现象，应立即停机，切断电源后进行检查
		有些电路的控制动作需要调整	例如，定时运转电路的运行和间隔时间、丫-△减压起动电路的转换时间、反接制动电路的终止速度等，应按照各电路的具体情况确定调整步骤。调试运转正常后，可投入正常运行

附录 C　继电器控制电路的部分设计技巧总结表

序 号	功　能	实现方法	备　注
1	起动	将起动信号的常开触点串联到被起动元件线圈的上方	
2	停止	将停止信号的常闭触点串联到被停止元件线圈的电源单线上	
3	自锁	将需要保持得电的接触器的辅助常开触点并联在该接触器的起动信号两端	
4	联锁	将需要产生联锁效果的两个接触器的辅助常闭触点串联到对方线圈的上方	
5	控制电路顺序起动	将先起动接触器的辅助常开触点串联到后起动接触器起动信号的下方	
6	控制电路顺序停止	将先停止接触器的辅助常开触点并联到后停止接触器停止信号的两端	
7	多地控制起动	常开按钮并联	
8	多地控制停止	常闭按钮串联	
9	正反转（主）	一相不变，两相对换	
10	减压起动丫联结（主）	U2、V2、W2 短接	
11	减压起动△联结（主）	三相全变（三相绕组首尾依次相接），如 U1-V2、V1-W2、W1-U2	
12	双速异步电动机△联结（主）	由于双速异步电动机自身为△联结，所以 U1、V1、W1 直接接入电源即可	
13	双速异步电动机丫丫联结（主）	首端短接（U1、V1、W1 短接），尾端接入电源，注意为保证转向不变，需要一相不变，两相对换	

附录 D　常用低压电器、电机的文字与图形符号

类别	器件及部件名称	文字符号	电气符号	类别	器件及部件名称	文字符号	电气符号
开关	单极开关	SA		开关	三极控制开关	QS	
	手动开关一般符号	SA			三极隔离开关	QS	

（续）

类别	器件及部件名称	文字符号	电气符号	类别	器件及部件名称	文字符号	电气符号
开关	三极负荷开关	QS		主令电器	常开（起动）按钮	SB	
	组合旋转开关	QS			常闭（停止）按钮	SB	
	低压断路器	QF			复合按钮	SB	
	倒顺开关	QS			急停按钮	SB	
					钥匙操作式按钮	SB	
熔断器	熔断器	FU			控制器或操作开关	SA	
主令电器	行程开关常开触点	SQ			旋转开关（闭锁）、旋钮开关	SA	
	行程开关常闭触点	SQ		接触器	线圈	KM	
	行程开关复合触点	SQ			主触点	KM	
	接近开关常开触点	SQ			辅助常开触点	KM	
	接近开关常闭触点	SQ			辅助常闭触点	KM	

（续）

类别	器件及部件名称	文字符号	电气符号	类别	器件及部件名称	文字符号	电气符号
继电器	热继电器 热元件	FR		继电器	电流继电器 过电流线圈	KA	$I>$
	热继电器 常闭触点	FR			电流继电器 欠电流线圈	KA	$I<$
	通电延时型时间继电器线圈	KT			电流继电器 常开触点	KA	
	断电延时型时间继电器线圈	KT			电流继电器 常闭触点	KA	
	时间继电器 瞬时闭合常开触点	KT			电压继电器 过电压线圈	KV	$U>$
	时间继电器 瞬时断开常闭触点	KT			电压继电器 欠电压线圈	KV	$U<$
	时间继电器 延时闭合的常开触点	KT			电压继电器 常开触点	KV	
	时间继电器 延时断开的常闭触点	KT			电压继电器 常闭触点	KV	
	时间继电器 延时闭合的常闭触点	KT			速度继电器 转子	KS	KS----○
	时间继电器 延时断开的常开触点	KT			速度继电器 常开触点	KS	n
	中间继电器 线圈	KA			速度继电器 常闭触点	KS	n
	中间继电器 常开触点	KA			压力继电器 常开触点	KP	p
	中间继电器 常闭触点	KA			压力继电器 常闭触点	KP	p

（续）

类别	器件及部件名称	文字符号	电气符号	类别	器件及部件名称	文字符号	电气符号
电磁操作器	电磁铁的一般符号	YA		发电机	发电机	G	
	电磁吸盘	YH			直流测速发电机	TG	
	电磁离合器	YC		变压器	单相变压器	TC	
	电磁制动器	YB			三相变压器	TC	
	电磁阀	YV		灯	信号（指示）灯	HL	
电动机	三相笼型异步电动机	M			照明灯	EL	
	三相绕线转子异步电动机	M		接插器	插头和插座	X 插头 XP 插座 XS	
	三相同步电动机	M		互感器	电流互感器	TA	
	他励直流电动机	M			电压互感器	TV	
	并励直流电动机	M		电抗	电抗器	L	
	串励直流电动机	M					

参 考 文 献

[1] 人力资源和社会保障部教材办公室. 电力拖动控制线路与技能训练[M]. 5 版. 北京：中国劳动社会保障出版社，2014.

[2] 李正吾. 新电工手册[M]. 合肥：安徽科学技术出版社，2006.

[3] 孙余凯，吴鸣山，项绮明，等. 新编电工实用手册[M]. 北京：电子工业出版社，2010.

[4] 徐建俊，居海清. 电机拖动与控制[M]. 北京：高等教育出版社，2015.

[5] 赵旭升，陶英杰. 电机与电气控制[M]. 北京：化学工业出版社，2009.

[6] 张焕丽，刘子林，王玉武. 电机与电气控制[M]. 3 版. 北京：电子工业出版社，2014.

[7] 葛建民，苏本知. 电机与电气控制[M]. 北京：北京师范大学出版社，2011.